專案管理師

作　者：Robert K. Wysocki

James P. Lewis

譯　者：洪志成

校閱者：李茂興

弘智文化事業有限公司

The WORLD CLASS
PROJECT MANAGER
a professional development guide

Robert K. Wysocki and James P. Lewis

Chinese edition copyright © 2004
By Hurng-Chih Book Co.,LTD.
for sales in Worldwide

ISBN 986-7451-01-5

Printed in Taiwan, Republic of China

目　錄

chapter 1

專案經理人的環境千變萬化

導論

我們正身處於史無前例的經濟時代中。科技爲企業創造了遠超過其能力所能比擬的機會。不管哪家公司發現可將科技創新運用於某個問題上，第二天另一家公司就會找出一個更棒的方式。在當今的商業世界裡，要保住你的榮耀桂冠是休息不得的。一休息就等於是被那些永保警醒、虎視眈眈的公司們丟在後頭，而且別以爲它們會是行之有年的公司，它們並非如此。事實上，這些公司大多是初生之犢，用新想法、以及新的科技運用方式滿足市場上的既有需求，打出一片天下。

商業世界已經改頭換面了，而且不斷地加緊腳步持續改變中，你身為一位專案經理人的世界也因而改變。想看看有哪些變化嗎？

專案經理人求過於供

Tom Peters 在 1999 年 5 月的高速企業（Fast Company）雜誌中寫道：「所有白領階級的工作都是專案工作。」以及「傑出的專案技巧是工作的大未來……」。如果你接受他的前

商業世界不斷地改變，使專案經理人的工作機會因此層出不窮。

提觀點，立刻就有兩個結論。第一，人人都必須具備專案管理技巧，以及各個工作都將需要專案管理技巧。說來容易，但現實卻大不相同。第二，人人都必須成為某種型式的專案經理人。哇！這使本書對你更重要了。就像你將會發現到的，專案經理人有千百種。你想成為哪一種，以及你將如何成功實現目標，對你的專業生涯十分重要。快接著看下去！

在地球上，下面的劇本每天都在各個企業中不斷上演。你被你的上司請到辦公室外的咖啡休息室約談，她說：「戴爾，波特剛遞了離職通知給我，他這個月底就要離開公司了。你知道波特負責管理101專案，這個專案的成敗對我們在市場上維持競爭力的定價策略十分關鍵。我們需要一個新的專案管理人，但是我沒辦法從外面找人填補波特的空缺。我剛看了我們目前的人員編制表，你是代替波特進行101專案的最佳人選。恭喜你了。」聽起來很棒，戴爾得到一個搖身變為英雄的機會。但是別太心急。這句恭喜可能是空洞之詞，而且鐵定言之過早。戴爾對專案管理幾乎一無認識，他曾在幾個小專案中擔任小組領導人，卻從未擔任過像101這般重大專案的專案經理人。但是記錄顯示現在戴爾也名列專案經理人的一員了，其中許多人幾乎毫無專案管理的正式訓練與經歷。時間將會證明他是否在錯誤的時間點坐上了錯誤的職位。他或許是最佳人選，但並不代表他就是適任人選。這充分顯示出適任的專案經理人日益短缺的徵兆。許多公司都中計了：不管他們多致力於尋找適任的專案管理人，但就

是不夠。專案經理人的成長數跟不上需求的成長腳步。結果是以濫竽充數的人員擔任專案管理職責。這種情形又因為沒有時間讓他們接受必需的訓練而更加惡化——有太多工作要做，大部分的專案都落後了。

你在這個日益成長的專業中顯然還有很大的揮灑空間，所以別花太多時間擔心找不到專案經理人的工作。相反的，你應該把你的時間花在規劃如何能登峰造極且不會扼殺生涯的方式！我們撰寫這本書的理由，就是要協助你以明智而充滿創造力的方式達成上述目標。

變化中的組織面貌

人人都知道商業世界已經改變了，並持續以致命的速度變化中。當我們終於習慣了某種科技或經營方式之後，不多時一切馬上轉變，使我們再度回到原點。這些改變包括合併、購併、公司重大轉向，還有令人生畏的組織重整：由於所有主管都必須重新配置，導致生產量與進度暫告中止。

我們有位客戶從1999年11月起便致力於建立一個專案支援處，我們最近才得知它們已決定分割為四家公司。你猜怎麼了？一切都變成泡影，沒人確定下一步該做什麼。真為那位可憐的專案支援處總監感到難過。在本書寫作時，他正處於膠著狀態，在確定他所做的事情有實際進展而能繼續推行之前，他只能靜待塵埃落定。你或許也在其他的公司中見

識過類似的情形。

　　隨著這變化無常而來的，是上司持續的施壓，要工作得更快、更努力、更聰明，還要用更少的資源。客戶們現在要求即刻滿足，大多數的時候也的確能如他們所願。要是你作不到，他們就會去找另一家辦得到的公司。「變革或滅亡？」就是John Naisbert在《2000年大趨勢》（Megatrends 2000）一書中開宗明義的訊息。我們都該好好把他的忠告深銘於心，並且身體力行。面對著此等環境，好消息是，這些變化對已經立志認真成為一位傑出專案經理人的讀者而言，是個好預兆。壞消息則是，環境有時很不友善且嚴酷無情，由不得你灰心怯懦。我們選擇把話說在前頭，並非要嚇跑你，而是寧可幫助你面對身為專案經理人的現實面。我們在第七章還會就這一點多加說明。

縮編與同歸於盡的過度裁員

　　為了盡量讓股東們高興，組織仍必須減少成本，同時還得滿足客戶們貪得無饜的胃口。由於薪酬在公司預算中常是最大單項，也就往往成為資深主管尋求縮減成本的首要對象。他們通常採用以下兩種方法之一，或雙管齊下：用低薪資、年輕而無經驗的員工替換高薪資、富技巧、有經驗的員工；或透過正常退休、外包、以及暫時解雇等方法或搭配其他作法，以減少勞動力規模。損失高薪人員代表組織可能損

失了經驗老到人員的智慧與內行作法。在某些情形下，還損失了擁有目前仍必要之獨特技能的唯一人選。而無論如何，都加深了殘留員工們的緊繃感，因為工作量並未隨著勞動力規模而等比例減少。

　　作者Bob Wysocki最近在一位客戶處指揮一項專案管理訓練課程。在第二天早晨，訓練主任在開始前要求商借幾分鐘的課程時間，她向團體成員們宣布教育訓練部門已被解散，即刻生效，並且所有部門員工將重新分派或離職。她在宣告後便馬上離開。稍後Bob與她還有幾位教育訓練部的員工們共進午餐，其中某些人會被重新指派職務，其他人則需離職。將受重新指派職務的人們急著想知道新工作，而離職者拿到資遣金，對於等在前方的新挑戰也躍躍欲試。這場討論的重點在於離職較好還是留下較佳。在雙方都表達了他們的想法後，大家取得全體一致的結論：離職較好。你對這個結論感到驚訝嗎？讓我們來看看他們的理論基礎吧！這個結論的主因在於留任者必須吸收離職者的工作量。在一個已然是資源緊縮的環境中，要留在一個工作過量、預算不足的職位上面對額外職責，且還須維持著清明而理智的工作生活，是難上加難的。

　　許多組織中都已採行這種縮減成本政策，但結果往往不盡如意。成本可能的確減少了，但收益亦然，因而需要第二回合的縮減成本。這種結果是惡性循環的開端。許多這一類政策最後就演變成同歸於盡的過度裁員。較好的替代方式可

能是將成本縮減與收益提升這兩者加以平衡。如此可將某些
重心放在總帳的收益面上，並投資勞動力以提升生產力與收
入，進而正面地影響損益。請記住，有效的專案管理行為也
同樣能正面地影響收入，且降低成本。有許多的例子顯示專
案管理如何能縮短產品研發上市的時間。有興趣的讀者們可
參考 Eliyahu M. Goldratt 最近的書：《關鍵鏈》（*Critical
Chain:A business Novel*）。雖然它超出了本書範圍，但對於熟
悉利用模版分工結構的人而言，能得到許多可落實壓縮時間
的收穫。若是這兩個概念超出了你的理解程度也別擔心。對
你來說，最要緊就是記住專案管理提供了許多能有效影響產
品研發上市時間與生產力的工具及技術。感興趣的讀者們可
以參考若干有關專案規劃與控制的書籍，以瞭解更多細節。

以客為尊

有人曾說過，要是你不直接支持你的客戶，那你最好支
持某個這麼做的人。我們懷疑對那些連後者都辦不到的人，
也許就會出現這樣的問題：「那麼你還在這裡作什麼？」我
們不再是在公司露個臉就能拿錢的。有許多要求加諸在我們
身上，我們必須有備而來。產品研發上市時間已成為一項關
鍵成功要素（critical success factor：CSF），而其成功則仰賴
著有效的專案管理團隊。

在這個以客為尊的世界中，身為一位專案經理人，有許

我們不再
能夠只因
刷卡上下
班就能領
到薪水。

多機會讓你卓越成長。你所要作的事：就是當機會萌芽時認
清它們，並握有一套遊戲計劃以便在適當時機從中獲益。這
就是第六章所討論的主題：WOW專案。由於變化迅速，以
及公司重整為以客為尊的快速步調，許多公司還處於未知領
域中。任何能提出一項讓事物不同於過去、更快、更有效能
且令人折服的企劃者，便有機會做出貢獻，增添價值。專案
經理人恰巧就落在這個絕妙的位置上。但你得有備而來，蓄
勢待發。

由功能轉向程序

　　就像我們曾討論過的，成功的組織以客為尊。要以客戶為中心代表組織必須經歷一場從部門功能導向轉向程序導向的改變。這可不簡單。其細節已詳述於組織再造的書中，在此就不再贅述。

　　談到這裡，只需瞭解成功的變革需要重新整編人力資源，使其具備跨越領域，這也不是件簡單的工作。這對於胸懷大志的專案管理人有莫大的好處。在一個程序導向的組織中工作，可提供各種商業領域之學習機會的豐富資源。舉個例子，一套從下單到訂單實現交貨的程序中包括了各種商業活動，如接單、訂單查詢、開立發票、信用確認、採購、配送、收貨、裝運、倉儲控制、物料控制及其他等等。你的專

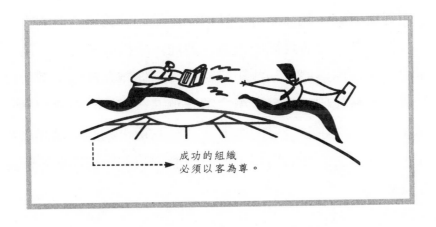

成功的組織
必須以客為尊。

業培養計畫中，可能就包含有這些程序的工作時數，能提供
寬廣的學習機會。除了增加技能層面的廣度之外，也能增添
深度。不管你目前從事何種領域，對專案管理有更多一層的
學習機會終將深化你在這方面的技巧。在某個專精領域中學
習，讓你能把所學移轉到其他領域去，因而提升你在程序導
向組織中的價值。若你挑對了程序，你便會得到豐盛的收
穫。在第六章，我們將進一步討論這個主題，我們會談到在
各種組織架構背景中，專案經理人之生涯發展的機會與阻
礙。同樣地，在第六章，我們會略加審視這些架構的實況，
因為即使對這一行的箇中翹楚來說，它們仍會是莫大的挑戰
且不甚友善。

勞動力整編

組織必須使其專案管理人的技能配合各個企業單位及專
案團隊的能力要求。但達成該目標的策略須視組織結構的型
態而有所變動。就你而言，其中的要點在於認清組織內固有
的專業培養機會並且從中獲益。然而，請搞清楚，並不是凡
事都會站在你這邊。某些組織結構會讓你難以加深拓廣自己
的專案管理技巧。請參考第六章好更進一步探討組織架構對
專案經理人之生涯發展的影響。在第七章，我們將以此為焦
點，詳加探討工作的環境，以及這個環境架設在你前方的重
重挑戰。

未來的專案型企業

以上所討論的種種因素都來自對專案經理人的需求空前成長。在本書寫作之時，對適任專案經理人的需求遠遠超過供應量，一眼望去尚無邊際。在這個專業領域中，唯一能限制我們成長機會的，就是我們自己的創造力與驅動力。我們可以隨心所欲不斷地成長，以達到任何我們想要達到的專案經理人層級。

我們在第二章中介紹的生涯類型，富含著種種有待你思索考量的選擇性變數。專案經理人可能是你生涯的終極狀態，也可能只是你轉戰內部顧問或人力資源管理作為進一步專業成長的中途轉接點。

變化萬千的個人生涯面貌

在商業世界產生急遽變革後，隨之而來的，是產生了勞動力、以及員工如何評價工作與生涯志業之關係等等同等重大的變化。因應雇主對員工欠缺忠誠度而生的，是員工也對其雇主欠缺承諾與忠誠度。吸收合併、購併、與股東忠誠度在在造成企業普遍縮減規模並裁撤人員，也導致員工們感覺自己宛若商品而非資產。無怪乎我們發展出以下的立場：在決定換工作時，著重於10%到20%薪資調漲與紅利等立即滿

足的程度，更甚於換工作所帶來的專業技能提升。雖然我們
瞭解爲錢跳槽的誘惑，但那不過是曇花一現的得意，我們更
關心的是你培養專業能力的長期影響。

　　由於美國失業率正在4%左右盤旋－這是近30年來最低
點－啓發雇主們應多花些心力維持現有員工更甚於徵募新
血。我們觀察到某些計畫的浮現，如：

- ◆ 配合員工目標的訓練與培養計畫
- ◆ 著重於員工發展的需求與技能評估
- ◆ 彈性工時、電子通勤等旨在改善工作環境的措施

　　這些人力維持措施的選擇性替代方式，則是繼續推行徵
募與聘僱計畫。由於正處低失業率，因此候選人員當中多半
有經驗不足，欠缺技能、靠工作救濟金、改過的癮君子、與
年長者等。雖然這些人值得擁有成爲社會生產力一份子的機
會，但他們並不符合擔任專案經理人的工作要求。

跳出框框

　　「工作」是工業革命的老古董了。現代的想法則認爲工
作已然消失，取而代之的是「作需要作的事」。這代表著
「那不在我的工作範圍內」等說詞所創造出來的界線也已不
復存在。話雖如此，那又如何？要是你停下來思索一會兒，
你便會瞭解：要出人頭地，你就得跳出框框外！這股「去除

工作界線」的風潮打造了一個支持越限而出的環境。對主動
性強、甘冒風險的人來說，這正是成長的大好機會。

　　要成為一位如你所求的偉大的專案經理人，代表你必須
採取主動，奪得先機。意味著你得跳出自己的框框，作些不
在你工作範圍內的事情。我們馬上要告訴你如何去尋求發現
這些存在於組織中的機會，它們會在你的職場生涯上推你前
進一把。Tom Peters 在 1999 年 5 月的「高速企業」（Fast
Company）雜誌中，討論到「WOW 專案」—指那些有機會
讓你學習到有助於提升你專案經理人生涯所需之新事物的專
案。雖然 Peters 以專案經理人選擇 WOW 專案的角色為重
點，但我們即將把焦點放在更為細膩的層次上，仔細審視專
案經理人的成長機會。當你看到一個機會的時候，好好抓住
它！我們會告訴你該怎麼作。

身懷十八般武藝

　　專案跨部門、跨流程的情形越來越常見。除了人力資
源、人際技巧、一般管理、以及理所當然的專案管理等能力
以外，這類專案還需要一連串囊括各種商業活動的能力。舉
例來說，當考量到一套以下單為始，以交單送貨為終之流程
所呈現的商業活動時，你應該會預期看到銷貨、信用確認、
訂單輸入、付款、應收帳款、存貨控制、包裝、配送、退回
物料處理，諸如此類等項目。身為一個牽涉到這類專案的專

案經理人，你應該受到期許至少能瞭解一些術語，或具備某些相關商業流程的知識。

加值型員工

要是你想在現代的組織中繼續留任，你就得向上司展現出你的確對組織具有附加價值。要作個加值型員工，你必須用充滿創意的眼光尋索出現在你面前的機會，並且採取主動、創造差異性。這可能挺冒險的，不過你選擇要玩的遊戲就是這麼一回事。記住！你不可能露個臉就想拿錢！我們會在第八章將關鍵的策略分享給你。這個先發制人的策略將協助你認清必要的專業發展；如何在你的組織中找到這些機會；以及，如何從中獲益。

掌握你的生涯

在這一切讓你成為一位成功專業人士的事物中，我們要求你緊記一件最為重要但十分簡單的事實：你的公司掌握了你的工作，但你掌握了你的生涯；千萬別把這所有權放手交給你的公司。如果你夠幸運，會身處在一個能支援你生涯目標的環境中工作。這一類組織對你個人而言具有絕大的價值，你大可以從提供給你的機會中加以揀選。若是你沒有這樣的環境，就代表著你必須更自立自強。我們會在第八章作

向組織展示
你的附加價
值！

更細部的討論。

重點回顧

現在你已經有個大概念啦！我們討論了充滿變化的環
境，以及它們如何影響你的專案經理人生活。這些商業環境
的變革也對個人環境帶來一些變化。個人現在所處的立場，
須把他們的專業成長與發展都交付在自己手中。專業人士不
能仰賴公司照顧他們。由於這嶄新的獨立性與自給自足的必
要性，必須找出一套生存法則與遊戲計劃，才能在今日的商
業世界中存活並成長。

　　在這一章中，我們試著訂定本書其他章節的層次。你已經大致瞭解專案經理人如何適應這變化多端的商業環境面貌。讓我們繼續往前，深入細節，給你一套躍昇成功專案經理人的教戰心法。

chapter 2

他們要你當個專案經理人

導論

　　並非人人都是天生的專案經理人。對於想成為專案經理人的人來說，需要考慮幾項有關專案經理人的變數。正如我們將要在第四章介紹的，不論你希望成為何種型態的專案經理人，都需擁有一套特殊的技能。更進一步來說，你所管理的專案會有該專案型態專屬的技能需求。好消息是這些技能可以倚靠你個人的耐心與主動來養成。我們將詳細描述這些技能為何，並提供給你一份衡量你目前處境的工具；並且在後續的章節中，協助你發展一套計畫培養這些能力。

　　專案經理人是目前的熱門行業。越來越多的的人們相繼

不是每個人
都能成為專
案經理人。

成為專案經理人。美國的大學與學院也不斷提供認證與學
程。研討會以空前的速度如雨後春筍般陸續舉辦。你可以想
成我們剛發現了管理的聖杯。

　　但人們進行專案管理早就達數千年之久了。最初的專案
經理人建造了金字塔；史前巨石林；馬雅、阿茲提克、印加
神廟；羅馬大路；中國的萬里長城；以及其他眾多奇觀。

　　所以這門學問已經相當古老了。那麼，幹嘛這麼大驚小
怪呢？也許是因為我們這才終於領悟到專案管理的技巧多麼
實用；也許是因為組織正透過縮編或其他手段嘗試進行「組

織瘦身」；也許是因為今日的世界如此喧擾不安，我們正努力使混沌重歸秩序。無疑地，這些都是原因。

　　無論如何，專案經理人的成長指標之一就是美國專案管理學會（Project Management Institute：PMI）的成長。於1970年，在創辦20年之後，擁有大約5000名會員。而在2000年4月時，會員人數已到達57000人，且每月大約有1300名新進會員。無獨有偶地，在俄羅斯、歐洲、澳洲與其他各地也成立了專業協會。（若需要各協會的聯絡資訊，請參閱附錄A）

　　另一項指標則是專案管理碩士學位以及在學人數的成長。華盛頓大學在1996年9月開辦學程，第二年時入學人數已達到150人。在2000年1月Peterson's Annual Guide（美加院校資料庫）中，已列出有超過20所機構提供專案管理進修學位。若欲取得最新表單，我們建議你經由它們的網站查詢：http://www. petersons.com/graduate/ select。

　　最後，顯示專案管理有多麼重要的一項重大指標，便是專案排程軟體（在市面上單是PC產品就超過100種）的銷售量。目前市場佔有率超過80%的微軟，已售出超過百萬套的Microsoft Project。代表至少有100萬人覺得有管理專案的需求。毫無疑問地，還有更多人並未借助於排程軟體來管理專案。在Jim Lewis指導的專題討論會中，只有三分之一的與會者定期使用軟體。如果這個比率在美國適用的話，那麼可能有3百萬人實際上在管理專案時並未使用排程軟體。當

然，這些全屬臆測。我們要說的是，這個行業肯定充滿了許多利益與樂趣。

只是短暫的風潮嗎？

對美國來說，質疑這陣子對專案管理所產生的高度興趣是否只是一場短期狂熱頗為合理。畢竟我們從品管圈流行於1980年代起就已經嘗試過各種「急效妙方」。你可能窘於在今日美國找不到太多品管圈，但專案經理人在剝除了苦藥外層的糖衣之後也會絕種嗎？如果真是這樣，你還應該投身於一個可能會走投無路的行業嗎？

我們已經與眾多這個領域中的專家討論過了（請參閱第三章中的訪談），大部分的專家們都相信這不會只是一股狂熱風。理由是專案經理人是一門專業學問，提供成功的管理專案所需的技能。既然人們難以想像沒有專案的世界會是如何，這個行業必然屹立不墜。

那麼，更好的問題可能是：「那我要當個全職的專案經理人？還是偶爾客串這個角色呢？」我們會在本章對臨時性與全職的專案經理人下定義，並在第四章中協助你回答這個問題。現在，我們就臨時性與全職的專案經理人來談談：專案管理究竟是什麼。

專案是指按
時程加以解
決的一系列
問題。

專案是什麼？

　　在瞭解自己算不算是專案經理人之前，你有必要先弄清
楚專案與非專案間的差別。專案形形色色，但有兩個定義直
指所有專案的本質。其一，專案包含各種做完就結案的任
務，有起迄期間的清楚定義，明確的工作範圍、以及各類別
的預算。而 J. M. Juran 所給的另一個定義，則指出專案是按
時程解決問題。這項定義既能支援前者，且讓我們瞭解到當
我們在處理專案時，也正在為組織解決問題。然而，我們可

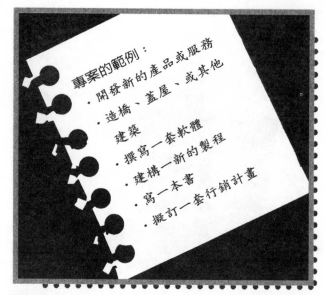

表2.1

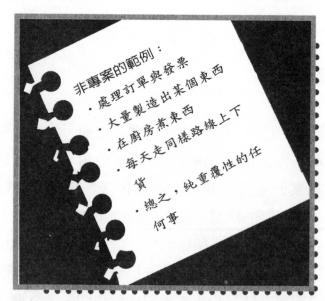

表2.2

如果沒有擬訂出適切的計畫，專案很可能失敗。

沒必要把「問題」做負面的解讀。發展新產品就是個正面的問題，更新設備亦然。

有了這些定義之後，我們發現專案存在於許多不同的學科當中。表2.1列出專案的範例，而表2.2則顯示非專案的範例。

要是你曾有過管理專案的經驗，你無疑會承認許多所謂的專案都並不符合第一項定義。與其說有定義明確的起迄點，毋寧說它們看來只是從某些曖昧模糊的想法漸次進化成

完全成熟的專案狀態，就像機器兔娃娃一樣，只是不斷的往前跑、跑、跑。

從模糊想法逐漸進化成熟之專案所衍生的問題，在於它們通常未經妥善規劃。問題是，若沒有完備的計畫，則專案的管理便很有可能功敗垂成。

專案管理是什麼？

專案管理其實與有系統有條理的一般概念相去不遠。為了更求明確，專案管理即為完成目標所必須之活動規劃、排程、控制機制的引導運用。這些目標包括成本、績效、時效、作業範疇等，在圖2.1中皆加以定義。其間的關係可寫成以下的方程式：

$$C = f(P, T, S)$$

這個等式表示：「成本是績效、時間、與作業範疇的函數」

專案經理人永遠都在這四項目標之間左右為難。常見許多資深主管試圖指定這四項目標的值，但我們知道在這四變數的等式中，只能指定三個變數的值。第四個值必須經由算式決定。這代表專案經理人往往必須與他人磋商，以建立一個平衡的成本方程式。在許多個案中，對這四項目標的初期承諾已經達成，但不幸的是，協商卻未降臨。這下子專案經

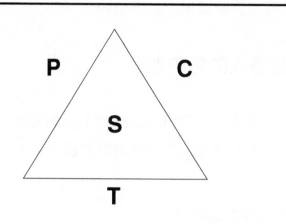

P：達到—令人滿意的績效水準（品質的目標）

C：成本（控制在預算內）

T：準時（符合時程要求）

S：作業的範疇或專案工作的規模量

圖2.1　專案管理的四個目標

理人身處危境。如果他拒絕，他可能會被團隊外的資深主管
韃伐非難；要是他接受，又可能把自己送上終場的挫敗。雖
然詳細答案超出本書的範圍，但解答就在於形式上資深主管
必須從與優先排序有關的替代性方案中挑出一個來。換句話
說，單純地對不可能的任務說「Yes」並無法盡如人意。在
你對資深主管祭出異議之前，先確定該狀況的確是不可能的
任務，並且沒有任何創見得以解決。否則你有可能會自尋窘

境，而且或許就是那個最尷尬的人。

專案經理人的角色型態

在本書中，我們將討論兩種型態的專案經理人，分別是臨時性的專案經理人與全職的專案經理人。

臨時性的專案經理人

人們大多數會由此開始見習專案管理。對其中某些人來說，是出於有意識地選擇這麼做，其他人則是受到指派。無論是哪一種情況，你的首要責任就是針對企業部門或商業流程，使用專案管理做為工具之一以克盡你的職責。即便專案管理並非你的主業，也是你工作中重要的一部份。記住，Tom Peters 相信我們都會變成某種形式的專案經理人，並且或許會成為工作的主要部分。無論如何，你得培養某程度的專業水準，所以不論是什麼層次的專業水準，本書對你的專業成長都十分重要。

毫無疑問，兼職性的專案經理人比全職經理人更多。如果你偶爾才接管專案，自然會問：「我到底應該花多少時間學習專案管理的工具？」如果你只是偶爾管理專案的話，當然你可能不打算要拿專案管理碩士學位，你甚至不需要修習證明。但你應該要明確地知道專案管理的基本工具，包括專

表2.3

案規劃、排程、控制等等。表2.3列出了任何管理專案者都
應熟悉的基礎工具。你有沒有定期使用這些工具倒不是重
點。你永遠都可以選擇不要運用你所知的工具，但你絕對無
法利用你一無所知的工具。

　　這些工具都可以在三天的專案管理研討會上習得。若你
還沒參加這一類課程，你應該研習涵蓋這些議題的前瞻性課
程概要。進一步說，對某些所謂承諾你能在一到二天就能成
為專業專案經理人的課程，你得謹慎一些。通常至少需要花
上三天才能詳細地涵括這些方法，因為你需要練習如何加以
應用。一套設計完善的課程會導入某些技巧建構練習，以幫

助你活學應用這些工具。

　　你或許也想透過閱讀並主動使用專案管理的良好實務書籍來學得這些工具。譬如說，你可能會採用Bob Wysocki的《有效的專案管理》（Effective Project Management），或是Jim Lewis的書《專案規劃、排程、與控制》（Project Planning,Scheduling and Control）。這兩本書都以應用與「如何進行（how-to）」來呈現專案管理的門徑。

　　臨時性的專案經理人常面臨的一個陷阱是，他們受期許要當個「有用」的專案經理人。這代表他們被期望去執行一些專案團隊成員也作的工作。在小型的專案中這也許無妨，但偶爾這些工作會凌越了管理工作的優先性，使管理受滯。當發生這種情形時，你有必要要求從此等責任中脫身，以便能專心致力於管理職責。但為了持續這個專案，有時候卻可能是必要的。無法如何，在回顧考績時，你將就管理方面受到評量，也許你的主管會說你的管理工作尚有待加強之處。

　　當個臨時性的專案經理人有一項顯而易見的好處，就是你有機會看看是否真想成為全職的專案經理人。在許多公司裡，專案管理的可見度不高，且往往是低階與顧問或主管階層之間的橋樑。事實上有理由相信專案管理在未來可能會變成通往高層之路。我們將在本章稍後討論生涯模式，探討專案經理人如何在包羅萬象的生涯階梯上定位。該模式將指出專案管理如何成為自己的終極目標，以及做為通往顧問與資深主管之路上的中繼站。

　　專案經理人往往蒙受大量壓力，所以就像古諺所說的，
「你要是受不了高溫，就別待在廚房裡」。我們發現有許多人
想當管理者，但並不是真心想管理，這其間可有很大的差
異。如果你已經是臨時性的專案經理人，且正下決心要投身
全職，則本書應該格外有用。若你已經是全職的專案經理
人，本章稍後的章節將幫助你瞭解如何運用本書來開展你的
職場生涯。

專案經理人
承受著許多
「壓力」。

全職的專案經理人

在某些組織裡，有句哲學名言是這麼說的：「如果你能管理一項專案，你就可以管理任何專案。」你或許正在為這一類的組織賣命，而且發現還有許多比身為臨時性專案經理人更多的挑戰。你的組織可能沿著專案型組織的架構建立，如此則專案經理人便是全心投入的專案經理人。就組織上來說，他們或許隸屬於專案辦公處或是直屬於專案副總裁。他們從這個專案穿梭移動到那個專案。當某個專案大功告成，他們又被指派到另一個專案去。雖然這些專案或許屬於同一個領域，但並不會總是一成不變。這就是全職專案經理人的工作。專案經理人往往在專案型組織中出現，我們在第六章中會再多談一些，現在我們只要知道全職專案經理人的存在便可。

如果你現在已經是個全職的專案經理人，或有這份雄心壯志，那麼問題就在於你是否想要在可見的未來內繼續從事專案管理。如果答案是肯定的，你該拿個進修學位、認證、或就只是這麼保持現狀下去嗎？本書就是為了幫你做出選擇而設計的。有許多組織都在尋覓專業的專案經理人，其中更有些堅持你需擁有PMI（Project Management Institute:美國專案管理學會）認證（請別把它跟專案管理方面的其他認證弄混了）。我們將在這一章稍後討論PMI^{tm}認證。最近有位專案經理人告訴作者說，他努力爭取一份年薪10萬美元的工作，

但最後就因為他不具備PMItm證照而被回絕。因此專業的專案經理人在此時此刻的確擁有一片光明前景，除非市場過度飽和，否則這番榮景應該不會改變。

專案經理人的食物鏈

不論你是臨時性或專職的專案經理人，還有另一種可供分割專案管理市場大餅的方式。現在我們就要加以介紹，並將細節留待第四章詳述。在專案經理人專業成長的路途上有好幾個階段。最初便從你開始明瞭你想當個專案經理人開始，我們稱之為「有志者」（wanna-bes），並且開始入門成為所謂的團隊成員。第四章會定義出當個團隊成員所必須具備的特定入門技巧的能力概論。正如你可能會略猜一二的，這是對專案管理能力的最低要求，並且主要包括個人與人際技能、還有一般性的商業與管理技能等等。通常挑選團隊成員是基於技術能力，而非他所具備的專案管理技能。當你持續成為團隊成員時，透過在職經驗或正式訓練，最終你總能對基礎的專案管理技能有所收穫。這讓你有所準備迎向下一個階段，我們稱之為團隊領導人。這是對某個在專案中管理某部分工作者的美稱。身為團隊領導人，你需經常與一至二位主題專才就專案中的某些活動並肩工作。再一次地，我們會在第四章中定義成為團隊領導人所必備的基本能力。你將會獲得額外的指派，因為身為團隊領導人將推動你由簡單轉

向較爲複雜的任務。依此前進，你的團隊規模可能會與日俱增，並讓你在與大隊人馬合作或是從事較複雜活動的經驗上更豐富。當你在從團隊領導人邁向專案經理人、資深專案經理人、計畫經理人的明確道路上前進時，這個步驟會不斷重複，隨之讓你習得其他的專案管理技巧。你曾經期望過專案經理人的生涯道路如此開闊嗎？如你所見，它提供了一條清晰明確的道路爲你奠基打造一套健全的專業培養計畫。依你想成爲技術專才的興趣而定，也可能你對於想成爲專案經理人的渴望會有所取捨。譬如說，如果你想成爲內部顧問，在專才上受到肯定，你或許渴望成爲一位團隊領導者。你對專案的貢獻就是領導一個在你專業領域之內的團隊。對於既想成爲專才又想涉入專案管理的人來說，那會是充滿挑戰性且極有收穫的經驗。

PMI^{tm} 認證

PMI^{tm}是美國專案經理人最主要的業界團體。在2000年1月時其會員已達到54000人，並以每年約25%的比率持續上升中。種種原因都令人足以相信這項成長率在可見的未來仍會持續。在54000名會員之中，有超過15000人已取得專業專案經理人（Project Management Professional：PMP^{tm}）證照。想取得這份專業證照的人，必須通過書面考試，並擁有該行業兩年以上的職業資歷。考試透過9大領域測試你的

表2.4

知識,稱之為專案管理知識體系(Project Management Body of Knowledge:PMBOK^tm)。列於表2.4中。另外也需參加年度持續教育以保留認證資格。這方面可透過出席會議、參與額外研討會與進修課程來達成目標。許多公司目前都要求以PMI^tm證照作為擢升其專案經理人生涯的條件項目。你應該審視你的公司如何看待這一類證照,以及他們對於有意尋求證照的員工有何支援。

正如我們先前所談到的,PMI^tm是專案經理人的專業協會。他們有一套將專案經理人認證為專家的計畫程序。因而在你姓名上的職銜稱號可冠上PMI^tm,意指專業的專案經理

人。

　　剛剛也提到，某些公司要求他們的專案經理人取得認證。其他公司則堅持想與它們簽約的顧問公司必須聘用PMP^tm認證經理人。想取得更多有關PMP^tm認證的消息，請聯絡PMI^tm（參閱附錄A）。另有許多大學的認證學程是為了協助學生準備PMP^tm考試而設計。若是你有意通過認證，選擇參加的認證學程便是重要的考量。PMI^tm在美國各地也都有提供讀書會的分會，你也可以向PMI^tm索取研習資料，然後參加讀書會以準備考試。

生涯進程

　　為了進一步觀照專案經理人的生涯途徑，我們建立了一套模式以顯示開展在你面前的選擇。圖2.2就是專案經理人生涯進程。

　　就這個模式而言，首先要注意的，就是專案經理人職位是其他兩條生涯道路的中繼點。一是顧問：允許你繼續以個體提供貢獻或擔任團隊領導人的身份工作，後者以整體企業為範疇的責任較重。另一條路則是管理職，透過轉換工作焦點的方式：從工作管理（專案管理）移向人員管理（一般管理），並在組織中步步高升。然而，在這兩種情形下，當你身負某程度的專案管理職責時，你應該預期要經歷階段轉換。其職責範圍可能從團隊領導人一直到計畫主管。也請注

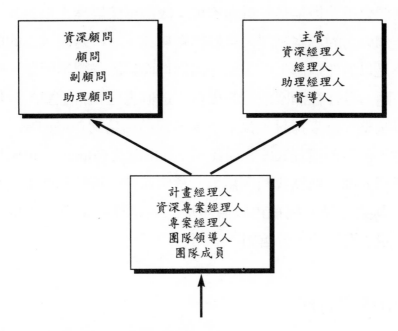

圖2.2　專案經理人的職涯進程模式

意，專案管理職無論對這三條生涯道路的任何一項來說，都是絕佳的準備過程。無論你的專業目標在於專案管理、或是期望成為個體貢獻者（顧問之路）、或人員管理（一般管理)，在你從事專案經理人的在職期間，你就會發現到這一點。

利、害、醜惡面

到目前為止一切聽起來都很棒，希望這一切都是真的。

但我們覺得非得早早告訴你不可：成為專案經理人很容易，但作個成功的專案經理人可是其難無比。並不是因為你的能力不足以適任這個工作，而是因為你面對的是艱辛困難、變化不斷、且往往滿懷敵意的環境。這個主題相當重要，我們將以整整一章來探討。很榮幸地，我們邀請到Doug Decarlo先生，他目前擔任ICS集團在Norwalk以及Connecticut兩地的資深顧問，他為我們撰寫第七章，並就這種敵對環境分享他的專業意見。現在也該簡短地談談這種敵對環境的成因了，至少有三項，分述如下：

不切實際的目標

要在當今這個快步調的商業世界中充滿競爭力，表示我們得以最棒的表現與最佳的價格先馳得點。今日的企業天生就被強求要充滿侵略性，而當這種侵略性轉譯成專案要求與時程表時卻往往不切實際。某人可能會說：「要是你達不到客戶的要求，他們就會找其他辦得到的人。」如果你打算在專案經理人這一行出人頭地，你就必須瞭解自己的處境，並以最佳的可行方式加以掌控。

缺乏資源

縮編人事的現實之一就是人們都已離去，但他們的工作

仍然留著。這代表留任者會被工作壓得喘不過氣，並轉換成專案經理人的問題。身為專案經理人，你對你的團隊成員並不具備管轄的職權。你只是管理他們的工作而已，因而這需要你擁有健全穩固的領導技巧。你的立場就是必須在毫無職權的情形下產生影響力。你的團隊成員們在組織架構上是對他們的直屬長官負責，其長官必須處理某些在時間上的競爭或衝突性要求。此刻專案經理人必須扮演協商者的功能，而這些情況卻為他們平添不確定性。他們從來無法確切知道何時能依靠協定時程上的可用資源、以及約定期間內的努力程度。再說一次，如果你打算在專案經理人這一行出人頭地，你就必須瞭解自己所處的資源爭議問題，並以最佳的可行方式處理。那將會引導出你作個充滿創意的問題解決者與磋商者。

這是不利的局面嗎？

老實說，通常，是的。你或許發現這令人挫敗，但那是現實。想成為一位專案經理人，你需要有堅強的決心，那代表你必須充分準備迎向前方的戰鬥。我們把自己這35年來所有與專案管理有關的智慧與經驗都放在這本書裡，這是我們所能為你作的一切，剩下的，就都要靠你自己了。

專案的型態

就像專案經理人有形形色色的身材、容貌、描述等等，專案亦然。當我們深層審視這些你將會遭遇到的專案型態時，你就會明瞭它們將提供給你豐富的發展機會。就技術與組織複雜性的角度來說，專案有一種自然的漸進性，而此種漸進性正巧妙地符合專案經理人的生涯進程模式。毫無疑問地，當你尋求專案磨練與發展機會時，有許多可能性待你跨

頂尖的專
案經理人

備戰就位。

入。我們就來探討一下這個分類模式吧！並且會留在稍後的章節中進一步深掘這些可能性。

我們在本書中所採用的專案分類模式，原先是由專案管理中心（Center for Project Management：CPM：某加州專案管理顧問與訓練公司）所發展出來的。它是一個細膩的模式，根據專案的組織與技術複雜性（表2.5）而定義出四種型態的專案。在第四章中我們會就這些專案類型與專案經理人技能概述的對照表。運用附錄B中的技能評估工具，你就能按照這些概述表評量你自己。這可以建立一條基準線，我們將依此讓你看看該如何規劃你自己的專業發展計畫。

技術性複雜的專案

技術性複雜專案指科技需運用在專案上。請用最寬廣的觀念思考科技這個名詞。換句話說，工程、研發、科學、營造、藥品、與生物科技及其他等等都包含在內。若科技技術非常完備或在組織中廣受利用，那麼從科技的角度來看，這種專案可以歸類為簡單專案。即表示問題可望相對減少，不會因為科技方面的理由而冒著風險。

但若使用的是新科技，或對組織而言相當陌生，那麼該專案從科技角度可能劃歸為複雜專案。另外，當已知科技以嶄新或獨特的方式應用時，科技複雜度也會上升。如果應用該科技的人員不足或不能充分適任，亦可能導致科技應用的

專案類型	技術複雜性	組織複雜性	專案經理人類型
IV	單純	單純	團隊領導人
III	複雜	中等	專案經理人
II	中等	複雜	資深專案經理人
I	複雜	複雜	計畫經理人

表2.5　專案類型與專案經理人的搭配

複雜性。顯而易見地，這一類專案身處險境，大有可能會失敗。

組織性複雜的專案

　　組織複雜性指著手進行專案的環境。若專案只牽涉到組織中的單一部門或單位，只影響少數流程或步驟、並且不需要可觀的文化調整或變革，則可歸類為組織性簡單的專案。從另一方面來說，如果它需要大幅變革，高爭議性，影響到好幾個流程或步驟，則歸類為組織性複雜專案。此外，組織的穩定性也會成為影響組織複雜性的因素。

技術複雜性
牽涉到使用
的技術。

摘要

　　此時我們已經帶你從高處審視過專案、專案管理、以及
專案經理人了。你瞭解專案經理人有兩種：分別是臨時性、
與全心投入型，各在組織中具有迥異的角色。你也瞭解專案
管理前進的生涯階梯，與超越之後成爲諮詢顧問或人員管理
的路途。你可能選擇以專案管理爲生涯職志，或把它當成專
業更進一步成長的中繼站。爲了讓你對專案經理人有更深入
的認識，下一章的內容中有作者與幾位現職專案經理人的訪
談內容。

chapter 3

專案經理人剖析

導論

專案經理人處處可見，正如我們之前點出的，其中某些人是被指派在這個位置上，其他人則是出於自願的選擇。無論哪一種，當你放眼未來時，有許多情況是我們希望你會注意到的。

專案經理人剖析

到底什麼樣的人才能成為優秀的專案經理人呢？有沒有辦法預先得知你是否具備所需的條件？或是你必得花時間去

探索這艱難的旅程？

我們曾被詢問過無數次：什麼是我們相信身為一位專案經理人所應具備最重要的特質，而我們總是毫不猶疑地說：「良好的待人處事技巧」。理由很簡單：專案經理人往往責任重大，但對他們的專案團隊卻幾乎毫無職權。這表示他們要讓事情進展順利的唯一方式就是透過不斷地行使影響力、勸說、協商、偶而可能還帶點懇求。所以人際技巧在我們心中的排行榜高登首位。

我們也要求參與我們研討會的與會者列出他們想要在專案經理人身上看見的特質，下表就是他們一致的說法：

專案經理人應有的特質

優秀的傾聽者	共同擁有
善於支援	能緩衝組織其他部門
有組織力	明顯的統御力
能清除障礙	技術知識
互相尊重	公平
團隊建立者	具有彈性
瞭解自己的限制	心胸開闊
幽默感	能授權
提供回饋	誠實且值得信任
優秀的決策者	有同情心
跟催	能強烈要求團隊做好
能分享經驗	瞭解團隊成員的優缺點

　　請注意，在表中只有少數項目談到專案管理的技術與行政面，這些並非優先的考量。對他們真正重要的，是我們所謂的管理者特質，例如是個值得信任的人，能展現出對共事者的互相尊重，是個優秀的傾聽者等等。缺乏這些特質，人們便不情願服從你的領導，而專案經理人卻必須是團隊的領導者。

HBDI與專案經理人

　　在其他章節中，我們討論到用以評量思考偏好性的

專案經理人
到處都可以
發現到。

能夠跟所有
類型的人一
起共事才是
關鍵！

Herrmann腦部優勢主導法（Herrmann Brain Dominance
Instrument：HBDI）。我們想知道哪一種概述情形才是專案
經理人的典型，於是我們請Herrmann International中的人員
叫出在他們資料庫中所有專案經理人的資料概述。他們擁有
1250筆聲稱為專案協調者（Herrmann International中用以分
類該行業的正式名稱）的資料。而這個族群的全體平均資料
概況幾乎是完美的正方形。

　　這告訴我們什麼呢？它指出成為專案經理人的種類有各
形各色。有的人是概念性思考者；有的喜歡從事細部工作；
有些人善於分析，有人則較擅長人際關係。並沒有絕對優勢

的輪廓指出「這種人一定會是理想的專案經理人」。

　　事實上，你可以看出：以這四個象限全面思考，對管理專案而言是有必要的。當你在發展專案策略時，你需要概念性思考（黃色或D象限）；當你開始發展執行計畫，你需要綠色或是B象限思考。在實行過程中你必須處理許多人際問題，而需要紅色的C象限思考。有問題存在時，你可能需要分析性思考一擊中的（藍色B象限）。

　　Ned Herrmann主張，好的執行長可以從正方形圖中得益，因為那讓他們更能在各象限之間互相轉譯。這一點很重要，因為他們必須接觸與處理來自各象限的人們。

　　我們相信同樣的情形對專案經理人也說得通。你必須與思考偏好落在這四個象限內的各種人們相處，所以你自己能擁有平衡的特質會比較好。

　　但我們大多數人沒這麼幸運。所以我們必須藉由確定我們團隊裡的成員擁有所需要的思考偏好，來補強我們較低的思考偏好象限——或強迫自己作這種思考，即使那並不是我們偏好的強項。請記住，我們都擁有一整個大腦，只不過我們偏愛某種思考模式遠勝過其他，並不是我們作不到。

專案經理人訪問記

　　為了幫助你對專案經理人的含意有更好的概念藍圖，我們訪問了五位來自各生活階層的專案經理人。以下就是他們

的訪問摘要：

專案經理人的主管

在準備本書時，我們訪問了許多專案經理人的主管，並且請教他們以下這個問題：「你認為一個優秀的專案經理人應具備的重要特質是什麼？」我們收到的回應如下：

George Hollins 是愛荷華市愛荷華大學（University of Iowa）設計與建築服務的主任，George毫不猶豫地回答。「人際關係！我們只把最大最重要的案子交給最能妥善待人處事的專案經理人。有時候我們會認為優秀的建築師就會是優秀的專案經理人，但那並不一定正確。」

他說到事實上他們甚至必須讓一位同仁離開專案經理人崗位，回到技術性的工作，因為他就是有辦法惹火與他相處的人。不只包括專案團隊中的成員，連客戶也是一樣。Hollins說，「他就是不懂得如何與人相處。」

George本身先取得土木工程的學位，然後繼續攻讀企業管理學位。他認為專案管理是他們所管理的案子能成功的致勝關鍵，即為大學建造教學大樓等建築專案。他在這些方面對員工訓練投資甚多，自己則計畫在近期內取得PMP^{tm}認證。

長期的專案經理人

Bob Dudley即將退休，他在造紙工廠內管理了將近30年的專案。他也曾經擔任過大約6年的作業主管，因此他看到立場的兩面。Bob在佛羅里達大學取得建築學位，但在他那個時代利用要徑法作排程規劃還是相當新的作法，因此他稍後在工作中必須學得更多。在他退休之前，他通過了PMP^{tm}認證，因為他將專案管理看成他的專業職志。Bob打算退休後擔任專案管理的諮詢與教學工作。

Bob說：「你必須把專案看成一個整體。許多專案經理人是預估者或排程人，而他們卻往往忘了整幅圖。」他補充道：「溝通技巧最最重要。有些我所知的專案經理人甚至寫不出一句前後一貫的句子。」

「人際技巧也是數一數二的重要，」他說。「要是沒有這些能力，你沒辦法讓監工、技工、以及其他受到專案影響的人通力合作。你也有必要出現在現場。你需要瞭解你們在討論些什麼。你不能光坐在辦公室裡執行專案，你必須投入戰場才行。」

他接著談到一位難以召集人馬前來聚會以簽署設計圖變更的專案經理人。後來他開始帶著甜甜圈跟一大壺咖啡到監工辦公室參加星期二的早餐會報。人們就來了。

就像Bob說的，這看來也許是微不足道的小事，但是專

案經理人做了某些事，展現出回報以感謝協助的誠意，他們便以伸出援手作爲回應。

工程專案經理人

Harold Arnison擁有工業科技學士學位，並且身爲電子工程師從事產品研發18年之久。那些產品運用醫療電子技術，需要FDA核可，並且必須是最高水準。

他任職的公司最近被General Electric（GE）併購，是少數擁有雙重生涯升遷途徑的公司之一。然而，在併購案之前，Harold就從Kellogg研究所取得專案管理碩士學位，因爲他深受這門學科吸引，想提升他的能力。他計畫最近取得PMP^{tm}認證。

「與各種性格的人共事的本領是關鍵能力，」Harold說。「我們必須與形形色色的團體一同工作。其中有取得醫藥學位的、工程學位的、還有毫無學位的人，我們都必須有辦法與他們和諧共事。」

接下來他談到一位專案經理人必須對自己的工作有一套結構性的方法。他們必須能夠發展出良好的計畫，但還要能保持彈性，以便「因應不可避免的變化」。「他們必須能爲不可預測的事件發展一份時程計畫，」他補充道，並且強調「如果你在一開始就有計畫的話會大大容易處理得多。」

他說，「我們所做的一切都在專案管理的控制下。然

而，我們並不把金錢當作最為重要的度量單位，但是會朝那個方向前進。」他指的是專案實現值追蹤（earned value tracking）。

他對專案經理人有志者的建議是：「認清你必須試著忘記你的技術能力，別承擔大量的設計工作。你一旦這麼做，就會掉進管理與執行的陷阱中，而管理永遠都會因此受損。」

印度的一個例子

幾年前，作者在印度教授專案管理，某位參與者提到下面這個故事。看來有個大型的道路興建工程專案問題嚴重。工作環境極差，工人們的食物不合規定，工地的居住環境令人憎惡（工人們住在偏僻工地的帳棚裡）。結果就是士氣低落，工程進度如蝸步般緩慢。

專案經理人與他的助理則住在鎮上不錯的旅館裡，與工地有一段距離，來回通勤。這更讓工人們的士氣每況愈下。幸運的是，專案經理人體認到這是不對的，並且採取行動矯正問題。於是他與助理一起搬到工地去。工人們的居住環境即刻提升，食物也改善了。隨之而提升的是工人們的士氣與績效。

年輕的女性專案經理人

　　Carol要求不具名，但同意讓我們將她的意見納入如下。她25歲，是位工程師，手上正在管理的這個專案，其團隊在東北部，但她卻身在東南部。在管理這個高科技專案上，她遭受到兩項打擊，其一，團隊身在遠方。其二，因為她的年紀與性別，他們只將她當成干擾，也許更糟，是當成威脅。無論如何，在一開始時事情進展並不順利。

　　Carol解釋她只是每個月拜訪團隊，讓他們瞭解她並不是去干擾他們的工作，或指使他們該怎麼作，而是一種資源。如果他們需要任何支援，她會盡其所能為他們做到。

　　在歷經幾個月用這種方式接近他們之後，他們慢慢接受了她，最後他們完全接納她身為專案經理人的身份。要是她沒能說服他們接受她是協助者或協調者的角色，她或許永遠無法成功地管理該專案。

　　這個例子再度例證了處理人際面的必要性。她的工程師專業能力在此無足輕重，只是讓他們知道她至少理解他們的工作，但也僅止於此。進一步來說，她身為專案經理人的角色在最初遭到抗拒，若是她提高不了組員對她的接受度，那麼她規劃、排程、控制專案的企圖與努力終將無效。重要的是，Carol的確展現出領導者特質，並說服了團隊成員。

「他們不知道怎麼管理專案！」

我們訪問了Julian Stubbs，他是位於斯德哥爾摩Dowell
／Stubbs廣告代理公司的執行長，討論有關廣告代理業界的
專案管理。「我正苦於找尋專案經理人，」Julian說，「我
找不到具有技術能力的足夠人手。他們可以作美工、文案、
管帳，但就是不知道如何管理專案。」

我們詢問他什麼是廣告代理業界專案經理人的致勝能
力。他立刻回答：「能管理混亂狀態，能回應快速丟回來的
要求，達到期限、並且能撫平被惹毛的脾氣。」他接著說：
「廣告人與行銷人的自尊心是很強的，他們並不會總是在一
開始時就樂於接受管理。如果你沒有小心地應付他們，事情
會永遠都作不成。」

Julian接著談到他們並不作高度結構化的時程表，或是
利用PERT/CPM技術，但是每個案子都是期限導向，並且由
於這種工作的創意本質，使得人們總是說難以達到期限，不
過這是命令，且又不能在過程中犧牲了創意。壓力可能很
大，唯有能妥善處理這種壓力的人才能在這樣的環境中出人
頭地。

面試問題

以下是詢問專案經理人候選人的一些問題。你應該會發現這些頗有助於用來思考你自己的適任資格。它們也可能有益於你準備這種面談。

- 專案管理對你的意義是什麼？
- 你從專案中學到最寶貴的一課是什麼？你如何把它應用在未來的專案中？
- 你會如何處理專案團隊中的衝突？
- 請告訴我們你在專案上的成功與失敗的事蹟各一件。
- 你為什麼認為你適合這個職位？
- 你會如何處理出軌或進退兩難的專案？
- 你會為這個職位帶來什麼特色？
- 你如何與非團隊參與者或棘手的團隊成員相處？
- 如果優先性改變了，你會怎麼作？
- 你怎麼看待自己身為專案經理人的角色？
- 如果P、C、T、S各目標之間有所衝突，你會怎麼作？
- 你會如何應付來自團隊成員的資訊誤傳？
- 請描述何謂成功的專案？
- 假設專案中某位重要關係人士的期望改變了，你會怎

麼辦？

◆ 當你覺得資深主管設定出無法達成的專案目標時，你
會怎麼作？

◆ 在某個專案中，若團隊努力的方向看來錯誤了，你會
採取哪些行動矯正局勢？

摘要

現在訊息必定十分清楚了：不論你在哪個領域，有效應
付人際關係的能力遠比技術性能力來得重要。這並不代表你
可以管理你一無所知的專案。請記住，你不能得罪任何領域

的人─包括現場人員、工程師、科學家、程式設計師等等。
然而，你不一定要是個技術性專家；在跨領域的專案中，你
也不可能是個技術性專家。

　　你必須能夠溝通、談判、領導、發揮影響力、管理衝
突、並且應付政治性問題。你必須瞭解人們，而且需要關心
他們。如果你對人漠不關心，他們會感覺到，而且不會輕易
為你多走任何一哩路。

　　曾經有位工程師問作者，「我明白如果想當個好的管理
者，應當對你團隊感興趣。你應該問，「你太太最近好嗎？
孩子怎麼樣？狗兒好不好？」

　　作者同意他的說法。

　　「可是我一點也不在乎那些事，」他說，「我該怎麼
辦？」

　　「別當管理者。」作者說。

　　「我想也是，可是我的上司要我當，所以我已經盡量保
持心胸開闊了。」

　　他是個技術專家，熱愛科技。痛恨必須去應付這些與團
隊成員寒暄聊天的人際問題。他不應該擔任管理者，因為他
厭惡作這些真正讓管理者發揮效能的事情。

　　所以請好好問問你自己，「我喜歡處理『人際問題』
嗎？我能夠努力激勵人們而安之若素嗎？我能因為找出團隊
成員的最佳解決方式而感到挑戰性十足嗎？」

　　除非你對這些問題都能回答「是」，否則還是忘了要把

專案經理人當成職志，閣上書本，把它轉讓給某個如你一般
在探尋專業依歸的朋友吧！

chapter 4

你想成為一個專案經理人嗎？

導論

　　你也許將專案經理人的工作想像得十分迷人，就讓我們來清楚描述他所承擔的重責大任吧！沒錯，擔任這個職務必須具備長遠的眼光。而且，它可以帶來極大的報酬。但是，它同時也是一個風險極高的工作，因為許多未知的事情可能無預警地發生，即使是最好的計劃也可能以災難收場。在這一章裡，我們將仔細地檢視專案經理人在職場發展過程中，可能經歷的各種職位。我們從專案經理人的「食物鏈」最底層開始，並描述在你往上爬的過程中，能夠預期搶到什麼樣的位置，或許那也就是你自己心中想要達到的最高位置。

專案經理人
是個具前瞻
性但風險極
高的職務。

　　對你來說，這是「決定性」的一章。當你讀完本章時，你應該已經可以決定是否想要成為一個專案經理人，以及如果肯定的話，你又想要成為何種類型的專案經理人。你也可能會發現自己並不想在未來的職場發展過程中成為一位專案經理人，而想從事顧問或一般管理的工作。

什麼是專案經理人？

　　簡單來說，專案經理人必須負責在編列的預算下，以一組資源（人力、知識、以及設備），在特定的日期內完成特定的工作。說起來容易，但要做到卻很困難。如果工作目標、執行時間表或承諾的資源都能固定不變的話，這個工作

可能會簡單一點。但事情並非如此，而這也正是做為一個成功的專案經理人所要面對的挑戰所在。我們常常聽到專案經理人說，如果事情一成不變，這將是個無聊的工作。但實際上，千變萬化的狀況卻常常在一大早將他們從床上挖起來。

專案經理人做些什麼？

為了清楚瞭解專案經理人做些什麼，我們先定義專案團隊中的五種職務。這五種職務構成一個職場進階途徑，從剛上路的菜鳥到經歷完備、經驗豐富的專業專案經理人。在這一節裡，我們先定義這五種職務所扮演的角色及肩負的責任。成功扮演這些角色該具備哪些技能，則留待下一節來討論。

團隊成員

對大部份的人來說，想要成為一個專案經理人，必須先從團隊的成員開始做起。在這個入門階段，你因為擁有專案團隊所需之某些技能，而被選為團隊的一員。舉例來說：你手邊正在做一個開發專案管理方法的專案，你所屬團隊的責任是設計和開發所需的訓練課程。身為團隊的一份子，你的工作是完成搭配課程的展示投影片。這就是你的責任範圍，當你完成這項工作並被批准認可後，你對於開發課程這個專

案的責任就已經結束，可以離開這個專案了。在你實際為這個專案工作時，你要服從小隊長或是專案經理人的指示。你可能參與整個專案的過程，也可能只在一小段的時間內，完成指派給你的工作。

你可能花全部或部份的時間來為這個專案工作。你也可能同時被指派到數個專案上。做為團隊的一員，想要圓滿達成任務，你必須對專案管理有一定的基本認識，因為你有義務將週期性的狀況資訊，提供給你的小隊長或專案經理人。你可以從這個工作上，學習如何做到這一點。在這個階段，你還不需要正式的專案管理訓練。無論如何，如果你想在未來成為一個小隊長，你應該開始自己研讀專案管理的入門書籍，或甚至去參加為期三天的入門課程。如果你能這麼做的話，你就可以隨時做好準備，等待時機一到，順勢成為一個小隊長。記住，無論如何，一個人能被拔擢成為小隊長，主要還是因為工作表現出眾、得到小隊長的賞識，而不是因為接受過任何正式的訓練。

小隊長

在這個入門的階段，做為一個團隊成員，你會學到很多經驗、經歷各種專案，然後再慢慢累積自己的技能，或是得到一些正式的專案管理訓練。這可以幫助你做好承擔小隊任務的準備，即使這個小隊只是整個大專案中的一小部份。在

當你是一名團隊成員時，隨著經驗的累積，你的技能也會不斷提升。

　　這個階段中，你預期的小隊規模不會太大，只是由幾個具備某些特定專門知識的人所組成。當你逐漸學會如何領導一些簡單的任務後，就可以準備領導一些較大的團隊，承擔更複雜的任務。

　　小隊長在工作中接受專案管理訓練的同時，其實是處在一個受到保護的環境中。甚至可以說，他們是被專案經理人隔離於整個大環境之外。這樣可以使他們專注於份內的特定任務。即使他們曾經參與是否改變、以及如何應付改變的決策過程，他們也只是單純地接受改變，專案經理人才是改變

的主導者。做為一個小隊長，你可以專注於學習專案管理中被我們稱做「滑輪組件」的部份。也就是說，你可以專注於學習如何使用各式的工具和技巧，至於變動管理、策略制定以及與相關團體溝通等工作，就留給專案經理人來處理。你將學會專案的範圍設定、計劃（分解工作，預測執行任務的時間、資源和成本，排定工作時間表）、進度報告、結案以及事後檢討。

接受充份的專案管理正式訓練並獲得廣泛的實際經驗後，你的技巧已經達到入門專案經理人的水準。你也將開始面對全新的挑戰。原本屬於專案經理人的工作－考慮專案的外在環境，現在你也要一肩挑起。

專案經理人

妥善處理人際關係－包括解決問題、做出決策、以及排解衝突，現在都成為你的工作之一。換句話說，在擔任小隊長時，你可以只將心力放在專案本身的內在部份，但是，現在你是一個專案經理人，你就必須考慮專案外在環境的其它面向。剛開始你所管理的專案，牽涉範圍較小，不是非常複雜，對整個企業的影響也不大。經理人只需具備中等的技術和商業技巧，就能勝任負責這一類專案。初期，你要負起這一類專案的全部責任。在成為專案經理人的進階過程中，你需要接受一些技術性之外、人際方面的訓練。例如下列這些

課程－職場多元化管理、如何達成雙贏的共識、有效管理技術人員、創造性的問題解決方法、正確決策，或是其它一些你能找到的有用課程。

　　和小隊長的任務比較起來，你會發現最主要的不同點在於，你必須額外注意專案的外在環境。現在，你需要和客戶、資源經理人、資深主管、供應商和外部承包商做直接的接觸。而且，你會涉及較多管理方面、遠勝於技術方面的事務。不過，你所接觸的層面也有可能仍和做為小隊長時相仿、只限於固定的範圍、較為技術性而非管理性。

資深專案經理人

　　到了這個階段，你會接手較複雜的專案，對組織有更進一步的認識。這時，你要把某些技術方面的技能放到一邊去，而以管理的技巧來取代。做為一個專案經理人，你可能同時負責數個專案任務，但是，隨著你逐漸成為公司的中流砥柱、開始擔任資深專案經理人後，你所負責的專案數目也會逐漸減少。你逐漸熟練整個專案所有的技巧，不論是著重技術性或組織性的專案。因此，你也開始接手牽涉範圍較廣、較複雜的專案。

　　你爬上了資深專案經理人的位子，這就表示你已經至少成功地完成過一個專案。組織依賴你所展現的領導統御技巧，來度過專案中最艱困的情勢。年輕、羽翼未豐的經理人

也會向你討教，徵詢你的意見。你將成為他們大部份人的師傅。

計畫經理人（*Program manager*）

屬於這個階層的專案經理人有個不一樣的特徵，那就是計畫經理人必須監督其他的專案經理人。在組織中，他們也要管理專案中最具挑戰性的部份。當你的事業達到這個階段時，你已將所有技術性的技巧丟到背後，此時的你已算是所屬事業單位中資歷完備的資深主管。組織期望你能在職掌範圍內，主動地披荊斬棘、貢獻所能。

他們管理哪些類型的專案？

在第二章中，我們曾經簡單介紹四種不同類型的專案，現在我們利用它們來架構專案經理人的職場發展過程。每一種專案類型所牽涉的技術複雜度和組織複雜度都不盡相同，請參考表2.5。

類型4 －簡單型

在你剛成為專案經理人時，你會從一些相對起來較直接了當、牽涉的技術不太複雜、以及對組織的價值有限的專案

開始做起。舉例來說，為營業部辦公室架設網路就屬於類型
4的專案，因為這已經重覆做過很多次，幾乎成為一種例行
公事。類似這樣的專案較不具備挑戰性，也不夠刺激。但
是，不要太早下定論。你還只是一個菜鳥專案經理人，未來
會從這一類的專案中得到很多的機會和挑戰，並藉此不斷地
學習和成長。

類型3－組織性複雜型

這一類專案只會用到現成建立好的技術，但是所處的組
織環境比較複雜。之所以複雜的原因，可能在於這個專案會
影響到一些企業原有的功能，可能在於它是企業的一項創
舉，或是兩者兼有。想想兩家同性質公司的合併案，譬如兩
家銀行。在這個專案中，你要建立一個統一的顧客服務部
門，為兩家銀行原來的客戶提供服務。每家公司都有自己原
來的做法，你要想辦法讓他們認同一個單一的流程。聽起來
很容易嗎？其實不然。你要考慮到自我認同以及領土藩籬的
問題。你所要面對的挑戰，可能是你壓根兒沒想過的。

類型2－技術性複雜型

這一類專案對企業來說非常重要，它的特徵是需要具備
較複雜的技術，但較不具組織複雜度。技術複雜度有以下幾

種可能的模式。第一，它可能是一種全新的技術，或至少對企業本身來說。無論如何，企業在從事這項技術時缺乏經驗，只有一小部份核心專家熟悉箇中之道。這一類專案的失敗風險極高。第二，企業對這項技術可能並不陌生，但卻缺乏完全瞭解這項技術的專家。網路商機的興起是一個很好的例子，各個公司因此爭相建立自己的網站。這種全新的創舉會挑戰原有的專案管理程序，因為這一類專案所使用的系統發展方法，已經和一般的專案管理進程大相逕庭。類似這樣的專案都屬於類型2。在面對這種專案和不斷變化的應用發展時，我們要以全新的方式來思考。

類型1－關鍵任務型

關鍵任務型的專案通常和最重要的技術有關，或對企業盈虧具有重大的影響。這些專案兼具技術性和組織性複雜度，因此需要第一流的專案經理人來擔當重責大任。當組織不斷努力去重新定位、所依賴的科技也日新月益時，企業就常常需要執行類型1的專案。

你可以選擇哪些職場生涯途徑？

除了成為一個臨時或專職的專案經理人之外，你應該認識一些其它較平常的職場生涯途徑。請看底下的敘述。

技術途徑

技術途徑的領域包括：建築、工程科學、研究發展、以及資訊科技。想在這幾個專業領域成為一個成功的專案經理人，你至少需要瞭解所屬領域的專業術語；在大部份的情況下，還需要具備這個領域的實際工作技能。不過，大致上並不要求現行的技術專業操作。

資訊科技對每個企業來說，都是重要而不可或缺的。因

技術途徑包括建設、工程科學、研究開發與資訊科技。

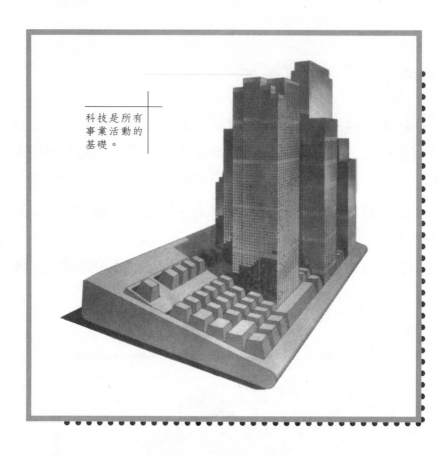

科技是所有
事業活動的
基礎。

此，值得我們在這裡特別將它提出來討論。我們生活在資訊
時代中，所以資訊科技可說是每個企業或組織活動的根基，
而這些活動又可能與你息息相關。這也就是說，不管所牽涉
的企業功能或流程為何，大部份的專案都會包含資訊科技這
個元件。若你選擇成為專攻資訊科技的專案經理人，你所參
與的專案將會橫跨之前所討論的四種專案類型。

　　還有，尋覓技術導向的專職專案經理人職位，遠較商業

或管理導向的職位來得容易。尤其是在政府相關企業和規劃性組織中，這種情形特別明顯。

商業途徑

和技術途徑比較起來，專案管理應用在企業功能和組織流程的情形較不普遍。這方面的專案經理人大部份都是臨時兼職，專職專案經理人可說是稀有動物。產品開發被視為孕育專案管理的沃土。執行有效的專案管理可以用來縮短產品上市的時間。

管理途徑

你們之中大部份人都注定爬到比專案經理人更高的職位，成為管理專案經理人的資深主管。如果你是在一個計劃型組織、或是在一個配有專案支援處的組織內，擔任專職專案經理人的話，情形大概就是這個樣子。在牢固的矩陣結構中，可能還存在著專案副總裁的職位。對於想要管理專案經理人、肩負企業專案群的管理性職務的人來說，這些都是他們的機會。

專案經理人的人力需求

就以本書完成的時點來說，對專案經理人的人力需求仍遠大於合格專案經理人的供給。而且，我們敢打包票，這種情形會延續到可預見的未來。只要翻翻大城市中各大報紙的分類廣告欄，你很快就會發現，專案經理人很明顯是一個賣方的市場。最近，企業開始在他們的網站上招募人才。如果你計劃成為一個專案經理人，而且對特定的公司感興趣，你可以上他們的網站查查看。專案管理機構（PMI）招募大量的專案經理人，而這些職位來自各大公司、分佈各個地方。

PMI也會發佈年度的薪資調查。寫本書時，它所發佈的最新調查是自1996年開始。在那份調查中，年薪的範圍落在美金50,000元到150,000元上下。很顯然地，這個範圍包含了具備各式經驗、來自各種產業以及各個地區的專案經理人。如果你想瞭解更深入的細節，你可以向PMI索取調查報告。

他們需要哪些技能？

在準備討論世界級專案經理人該具備哪些技能之前，讓我們先看看以下四種專案經理人所具備之功能及其肩負之任務。

I. 規劃專案（策略和戰術）

- ◆ 與整個專案團隊共同展開初步的研究，定義出企業的問題、要求、專案範圍以及優勢所在
- ◆ 確立專案主要的結果，以及過程中的各個里程碑
- ◆ 推動整個計劃的準備工作、分解工作結構
- ◆ 預測專案進度時間表

II. 管理專案

- ◆ 持續審查專案進行的狀況
- ◆ 審查那些低於主要成果標準的工作任務
- ◆ 利用系統分類的方法來記錄專案的進程─與時間表一起對照查核
- ◆ 採行應變管理／要求的措施
- ◆ 舉行專案會議來評量計劃的進度，討論變更的事項和問題
- ◆ 對於相關會議、工作任務、討論以及決策等文件記錄，進行評估所需的技能
- ◆ 根據要求，透過測試來衡量品質
- ◆ 舉行專案檢討和模擬排演（請相關人員參加）

III. 領導專案團隊

◆ 讓整個團隊都能參與規劃

◆ 利用正式與非正式的方法來追蹤專案進度

◆ 分辨個人與團隊的成果

◆ 適時地管理績效事項

◆ 充份瞭解個人的長處和短處,並依此來有效分配任務

◆ 敞開胸懷接受別人的建議和考量

IV. 與客戶建立合夥關係

◆ 與客戶一起擬訂專案的目標和主要成果

◆ 與客戶合作、確定專案和企業的整體目標一致

◆ 積極地聆聽與回應,詳實記錄客戶的需求、要求和變更

◆ 建立變更的控制處理程序

◆ 讓客戶瞭解整個系統,並訓練他們能夠使用系統

◆ 定期向客戶報告、出示成果

V. 瞄準企業目標

◆ 遵循企業的願景和價值觀來執行管理工作

◆ 將整個結構的原則串連起來

◆ 在企業的系統和流程之間，建立有效的界面

◆ 替受到影響波及的系統/部門，預做因變計劃，以求達
　到最高的效率

◆ 充分瞭解需求、時間和成本對企業造成的壓力

◆ 在商業運作和技術發展方面，能夠與競爭者並駕其驅

◆ 注意公司的優先順序和方向，隨時調整專案與之配合

世界級專案經理人的能耐和技巧

　　如果有人能用極簡單的方法，分辨出誰可做為一個稱職
的專案經理人的話，請你和我們聯絡，我們可以教你賺大錢
的方法。事實上，要識別一個人是否具備必要之能耐，是非
常困難的一件事。圖4.1顯示困難之所在。兩個分屬不同層
次的特徵，可用來決定你是否能成功地成為一個專案經理
人。技能屬於一個顯而易見的層次。我們可以衡量掌握事務
的熟練度，並藉由訓練來達到熟練度的要求標準。這是較簡
單的部份。比較困難的是隱藏在表面之下、看不到的特性
（能耐）。我們在實務上可以看到這些特性的存在，但卻無法
直接測量它們，並依此來決定某人是否具備這些特性、具備
的程度高低如何。這些特性也較難藉由訓練來開發。其中某
些特性，根本可以說只能靠遺傳得來。

Lyle M.Spencer 和 Signe M.Spencer 共同合著一本書—《勝任工作的能耐：優質績效模式》（Competence at Work：Models for Superior Performance），書中將能耐定義為「一個人內在潛藏的特性，這些特性會在工作狀況中，偶發性地與績效標準產生關聯，並且／或引導出最佳表現。」在這本書中，作者舉出五種不同型態的能耐特徵。我們列在下面並做簡單的介紹。

能耐特徵

動機
為了達到目的，一個人的動機會趨使他採取一連串的行動。

個性
個性特徵會影響一個人做事的反應。

自我概念
這裡我們所敘述的，是一個人對自己的看法。一個人的自我概念絕大部份由價值觀和態度構成。

知識
指一個人對特殊的議題或內容，展現出發掘資料和處理資訊的能力。

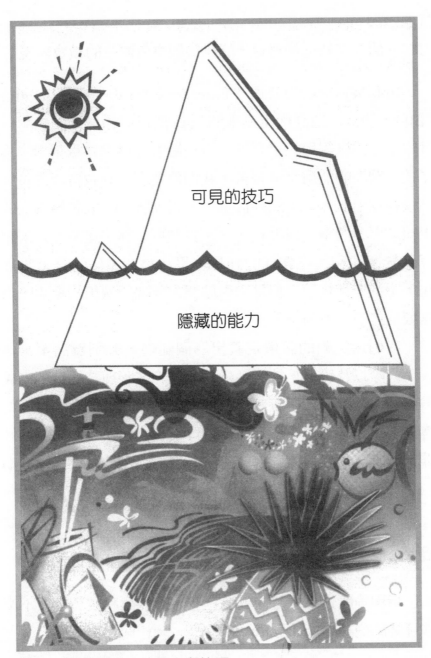

圖4.1 專案經理人的能力與技巧

技能

一個人在執行任務時,能夠被觀察與測量的績效表現。

Bob Wysocki的公司－Enterprise Information Insights (EII),使用一種評估工具來測量18個不同領域中的能耐。基本上是以一組與能耐有關、可被觀察的行為做為基準。為了建立個人的能耐水準報告,我們建議個人先做自我評量,然後再加上工作夥伴的評估意見。工作夥伴可能包括個人的上司、專業同事、部屬和客戶。我們可以利用這個方式來相互比較個人和工作夥伴的評量結果。這個方法也許較為簡化,不過非常實用。但是它對於個人表現所做出的結論,通常較為皮毛、不夠深入。

我們為能耐的評量定義出四個範疇,分別為商業、個人、人際以及管理。技能評量再加上專案管理技能,則定義為第五個範疇。一個有效能的專案經理人,對於他所管理的專案,不但必須具備特定要求的專業能耐和技巧,還要具備非關專業的素養,我們將之歸類在以下所列的第五個範疇內。

商業

指與一般性商業及商業流程有關的能耐和技巧,並不牽涉專業的商業功能知識。

個人

這種能耐是關於個人的，運用時並不牽涉到其它人或團體。

人際

這種能耐是關於個人的，並且至少牽涉到兩個人，其中誰也不是對方的經理人。

管理

這種能耐牽涉到各個面向的管理，不論是人事管理或工作管理。另外還包括對於策略與戰術面的績效表現，不特別針對個人。

專案管理

專案管理能耐涵蓋專案管理的五個階段：啟動、計劃、組織、控制與結案。

世界級專案經理人的能耐輪廓

　　本節所討論到的能耐，是每個層次的專案經理人都需具備的。這是爲了讓你對於成爲一個高效能的專案經理人所應具備的條件，有一個概括的認識。同時，你也可以將自身的能耐和世界級專案經理人所應具備的能耐，做一個比較。比較的結果即爲你本身能耐不足之處。在你往更高層級的專案管理任務邁進時，你必須補足所欠缺的能耐。

　　表4.1到表4.4是一個簡單的濃縮版，列出高效能專案經理人所應具備的商業、個人、人際以及管理等方面的能耐。我們就從檢視這份清單開始吧！它是一個很好的練習，你可以自我評量一番，看看自己的能耐得到多少分。這個表原本是由波士頓大學的企業教育中心與幾個主要合作公司，一起發展出來的。藉由其它客戶所提供的經驗，這個表歷經數番修改，直到成爲現在我們獲准採用的版本。

　　這裡使用的是意見調查形式，你可以評估自己對於每項能耐的實踐程度。計分標準是5＝非常同意；4＝同意；3＝中立；2＝不同意；1＝非常不同意。請先自我評量每一項能力，再參考最後的結論說明。

商業能耐

商業認知

能將專案和組織的商業計劃加以連接，解決企業問題，進而達成企業目標。	5	4	3	2	1
能評估產業與科技發展的影響。	5	4	3	2	1
能夠使最理想的技術方法、專案範圍、以及企業的期限和優先順序達成平衡，得到最佳的妥協。	5	4	3	2	1
很快適應轉變的商業環境。	5	4	3	2	1
商業認知總得分					

商業夥伴關係

在整個專案的進行過程中，與商業夥伴保持良好互動關係、完全瞭解商業夥伴的需求和考量。	5	4	3	2	1
在設計階段時，找尋並參與具有意義的商業領域。	5	4	3	2	1
能執行商業導向的模擬排演。	5	4	3	2	1
分配與建構專業團隊的任務活動，使整個系統可以和商業夥伴密切合作。	5	4	3	2	1
商業夥伴關係總得分					

品質承諾

追求更有效率的做事方式。	5	4	3	2	1
使自己與他人都能堅持高品質的標準。	5	4	3	2	1
發展與專案相稱的品質計劃。	5	4	3	2	1
監控品質計劃與目標績效。	5	4	3	2	1
品質承諾總得分					

表4.1　商業能耐

個人能耐

主動創新

在遇到障礙和限制時，能夠開發全新、具創意的方法來解決問題。	5	4	3	2	1
計算並承擔風險。	5	4	3	2	1
以努力不懈的行動來克服障礙、尋求解答。	5	4	3	2	1
為了完成工作，不惜任何努力與代價	5	4	3	2	1

主動創新總得分 _____

搜集資訊

能積極向專案影響所及的各個團體請益。	5	4	3	2	1
能向各種消息的來源尋求資訊和數據，以澄清問題。	5	4	3	2	1
能找尋足以促進專案順利或提供協助的個人或團體。	5	4	3	2	1
能找尋足夠的資訊來支持專案的設計和執行決定。	5	4	3	2	1

搜集資訊總得分 _____

分析思考

全面性計劃整個專案，包括資源、預算和時間表。	5	4	3	2	1
將企業目標轉化為專案目標，再將專案目標分解為細部的工作結構。	5	4	3	2	1
利用專案管理軟體來發展計劃和追蹤狀況。	5	4	3	2	1
提出符合邏輯、條理分明的替代選擇。	5	4	3	2	1

分析思考總得分 _____

表4.2a　個人能耐

個人能耐（續）

概念性思考

以宏觀的想法看待整個計劃，考慮未來幾年企
業與科技的改變。 5 4 3 2 1

瞭解企業和科技目標，有效地安排優先順序。
（例如：專案任務、測試案例和待解決的議
題）。 5 4 3 2 1

預期專案對其它系統所造成的影響，並事先計
劃。 5 4 3 2 1

發展清楚的洞察力或有創意的概念性模式。 5 4 3 2 1

概念性思考總得分 [ ]

自信心

表現出自信與樂觀的態度，讓整個團隊沈浸於
此種氣氛下。 5 4 3 2 1

儘速並直接與別人一起面對問題。 5 4 3 2 1

在壓力極大的情形下，控制自己的情緒和行
為。 5 4 3 2 1

在壓力下能有效地工作。 5 4 3 2 1

自信心總得分 [ ]

信譽問題

堅持做到承諾過的事，維護自己的信譽。 5 4 3 2 1

持續專注於專案的細節。以堅定的態度回答問
題來獲得別人的信賴。 5 4 3 2 1

誠實地回答問題，即使這麼做有點尷尬。 5 4 3 2 1

遭遇困難時，迅速知會管理階層與客戶。 5 4 3 2 1

信譽問題總得分 [ ]

彈性

迅速地適應工作環境中的變化。 5 4 3 2 1

隨著人員和情況的進展，調整自己的管理風
格。 5 4 3 2 1

善用並分享資源，使能順利達成組織目標。 5 4 3 2 1

授權他人來負責各個任務活動。 5 4 3 2 1

彈性總得分 [ ]

表4.2b 個人能耐

人際能耐

人際認知

試著瞭解團隊成員，知道該如何鼓勵他們。	5	4	3	2	1
瞭解別人或其它團體重視及考量的事項。	5	4	3	2	1
能注意與解讀非語文行爲。	5	4	3	2	1
在調停團隊成員之間的衝突時，能夠一視同仁。	5	4	3	2	1

人際認知總得分 [   ]

組織認知

找出主要關係人，並向其尋求協助。	5	4	3	2	1
讓相關的個人和團體負起技術、財務責任。	5	4	3	2	1
花時間去瞭解專案中各個小隊間的政治生態變化。	5	4	3	2	1
善用自己與組織其它單位的關係來解決問題或向其尋求協助。	5	4	3	2	1

組織認知總得分 [   ]

預估影響

善用各種方式或手段來達到特定的影響力。	5	4	3	2	1
以「言出必行」的態度來管理眾人的期望。	5	4	3	2	1
安排一位資深主管來參加最初的專案會議，及解釋整個專案的任務和目標。	5	4	3	2	1
考慮專案決策所帶來的長期或短期影響。	5	4	3	2	1

預估影響總得分 [   ]

聰明運用影響力

發展策略時，能夠納入每個人最重視的考量。	5	4	3	2	1
能得到管理階層的支持，藉此影響其他的經理人。	5	4	3	2	1
愛惜善用他人的特殊長才、獲取他人的合作。	5	4	3	2	1
讓專案團隊成員參與專案細節的計劃，讓他們感覺擁有這個專案。	5	4	3	2	1

聰明運用影響力總得分 [   ]

表4.3　人際能耐

管理能耐

鼓勵他人

讓團隊成員確實瞭解專案的目標和意圖。	5	4	3	2	1
在達到某一里程碑時，獎勵讚許各個團隊成員。	5	4	3	2	1
以非正式的事件來促進團隊的工作。	5	4	3	2	1
採取合適的方法來幫助及輔導邊緣的工作者。	5	4	3	2	1

鼓勵他人總得分 ☐

溝通

定期與管理團隊一起開會。參加人員為與專案有關之各個領域代表。	5	4	3	2	1
隨時計劃、舉行定期的會議，與專案團隊討論進度、解決問題、以及分享資訊。	5	4	3	2	1
提出條理分明的報告。	5	4	3	2	1
迎合聽眾的水準，選擇適當的語言來發表演說。	5	4	3	2	1

溝通總得分 ☐

其它發展事項

編派作業、訓練給團隊成員，讓他們有自我成長的發展機會。	5	4	3	2	1
依據各人的表現，提供當事人直接、具體、建設性的回饋和指導。	5	4	3	2	1
授權團隊成員去創造挑戰和擴展技能。	5	4	3	2	1
對於缺乏經驗者，給予較密切的監督。	5	4	3	2	1

其它發展事項總得分 ☐

表4.4a　管理能耐

管理能耐（續）

計劃

發展及維持一個詳細的主計劃，列出所需的資源、預算、時間表、以及待辦事項。	5	4	3	2	1
隨時評估專案計劃和執行方式，以確保專案能夠適當地解決企業問題。	5	4	3	2	1
讓大家對專案的範圍、目標，以及後續的變更，都能相互瞭解、取得共識。	5	4	3	2	1
對於專案計劃中可接受的變更，隨時加以控管。並將變更的訊息告知所有團隊成員。	5	4	3	2	1

計劃總得分 ☐

監管和控制

定期向每個專案團隊成員索取其指派任務之狀況發展資訊。監管資源的使用、時間表的變動，並維持計劃時間表的進程。	5	4	3	2	1
找出被要求與/或被指定改變的經濟效益和時間表範圍，並向管理階層報告。	5	4	3	2	1
扛起解決專案問題的責任，特別是關於變更範圍的問題，將重點擺在解答、建議和行動上。	5	4	3	2	1
在專案完成後舉行檢討。分別找出做對的事、應該以別的方式來做的事、以及所學到的教訓。	5	4	3	2	1

監管和控制總得分 ☐

表4.4b　管理能耐

　　請將這19項能耐的分數加總起來。以下是對於加總結果的解讀：

分數範圍	專案經理人的能耐程度
4-7	尚未達到最低的能耐要求水準
8-10	達到小隊長的最低能耐要求水準
11-15	達到專案經理人的最低能耐要求水準
16-18	達到資深專案經理人的最低能耐要求水準
19-20	達到計劃經理人的最低能耐要求水準

　　知道自己在每項能耐的得分，可以讓你概括地瞭解應該專注的發展方向。你可以請你的同事來評估你的能力，然後將他們和自己所得出的結果比較一下。你會發現別人眼中的你和自己眼中的你，並不一樣。不管他們和你自己所見的差別有多大，他們的看法通常是實在的。圖4.2是一個典型的能耐評估報告。塗滿的細長線段是個人的自我評估；塗滿的正方形則是所有接受評估者的平均表現；空白的長方形則是中間二段四分位數的範圍（所有數據的二方之一）；實線的尾端則是所觀察到的回答中最極端的資料。

自我評量

你必須做一些抉擇。現在是評估你是誰以及你眞正想做什麼的好時機。我們已經提供給你所有可以幫助你下決定的資料和數據。我們建議你評量兩個重要的項目：所處的週遭環境和你自己。

你的外在環境

你必須清楚工作環境中的眞實情況。舉例來說，在培養你的過程中，你的組織和上司給了你何種程度的支持？你的發展對他們來說有多重要？他們提供了哪些協助？你可以善加利用發展機會的程度爲何？

你的內在環境

讓我們假設你已經找到一個能夠支持你發展專業的環境。接下來要考慮的就是你自己本身。假如你現在已經完全瞭解專案管理中「好的、壞的、和醜陋的」等部份，你還會很想成爲一個專案經理人嗎？投入心血的欲望多寡，可以決定你是否能夠成功地發展成爲一個專案經理人。沒有人會鞭策你、沒有人（也許除了你的師傅和一些開明的上司之外）

O'Neil & Preigh 教堂設
備製造商
（根據8個人的回答所做的
評估）

Sy Yonra 的能耐評估報告

（斜向欄位標題，由左至右）
尚未達到最低的能耐要求水準
達到小隊長的最低能耐要求水準
達到專案總理人的最低能耐要求水準
達到資深專案總理人的最低能耐要求水準
達到計劃經理人的最低能耐要求水準

商業能耐
　商業認知
　商業夥伴關係
　品質承諾

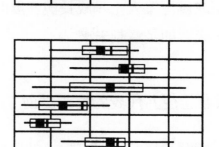

個人能耐
　主動創新
　搜集資料
　概念性思考
　自信心
　信用問題
　彈性

人際能耐
　人際認知
　組織認知
　預估影響
　聰明運用影響力

管理能耐
　鼓勵他人
　溝通技巧
　其它發展事項
　計劃
　監管和控制

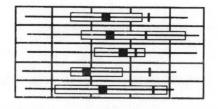

圖4.2　能耐評估報告

對你的未來有興趣。最後的決定在你身上。

先看看你的職涯途徑

我們可以從兩個方面來看職涯途徑。一方面它是你專業生涯的歷史帳。另一方面－也是我們在本書中所強調的，它是你未來成為專業人士、成長與發展的計劃前景。前者是記錄過去，後者則是擘劃未來。

「擁有職涯途徑」代表的意義為何？

擁有職涯途徑，簡單來說，就是你嚮往未來、選擇一條對造就今日的你最有意義的路。途徑中佈滿許多較小的事業目標，你會一路完成這些目標並達到最後的事業終點。令人嚮往的未來總是捉摸不定，明日的你將比今日的你更聰明。不過沒關係，這就是途徑的一部份。重要的是，找出自己真正想要的未來，採取慎重、有意義的腳步，一路往前邁進。

職涯途徑是動態的

我們的生活和工作都處於不斷改變的動態中，職涯途徑也是如此。建立在前輩經驗之上的全新體驗，不斷改變我們對未來的看法。機會不停地出現，使得職場關係隨之改變

看一看嚮
往的未
來。

（不管是暫時性或永久性）。如果你能夠抱著隨時改變中途事
業目標的心態，你就可以抓住突如其來的機會。

摘要

　　現在，你手中已握有一個專案經理人的完整藍圖。你瞭
解每一種專案經理人該做的事項。你知道當一個專案經理人
愈趨專業時，他該去管理哪一類型的專案。你知道在他們發
展專業的每個階段中，各該具備什麼樣的能耐和技巧來獲致

成功。你也已經依照那種標準，對自己做了一番評估。你對於職涯途徑也已經有了一個概括的瞭解。讓我們往第五章邁進，完成你的自我探索評估。

我是誰？

導論

我想每個人都聽說過，希臘神廟的入口寫著幾個字：認識你自己！（know thyself）。如果你不瞭解自己屬於哪一類型的人，你又怎麼知道自己想成為哪一類型的專案經理人呢？比方說，你喜歡做細部計劃嗎？你喜歡和別人相處嗎？你喜歡發展策略，然後再試著完成它們嗎？如果你已經確定要將專案管理當成一輩子的事業，你一定要回答這幾個重要的問題。這一章主要是介紹一些能夠幫助你進行自我評量的資源。在第八章，我們則會幫助你弄清楚該如何展開職涯途徑。

　　這一章所占的篇幅很長，舉出很多市面上即可買到的評量工具，你可以選擇其中適合的工具來深入瞭解自己、知道自己是否有才能和意願成爲一個專案經理人。我們將會一一爲你解說。

　　我們從最顯著的方面著手－技巧的自我評量。我們找出54種、你會在專案管理事業的某些時點用上的技能。在事業生涯的每個階段，你對這些技巧各需具備不同等級的熟練度。我們用來計量熟練度的尺規，稱爲布氏的「教育目標認知領域分類法」（Bloom's Taxonomy of Educational Objectives-Cognitive Domain）。它對你來說可能是完全陌生的東西，但它使用於成人教育上已經超過40年，非常簡單易懂而且不容易忘記。我們將教你如何使用它，請你利用附錄B來自我評量專案經理人所應具備的技巧。有些人也許會想知道他們是如何變成現在的自己，所以我們在本章放入幾個圖（圖5.2－5.6）。你可以用它們來比較自己的能力輪廓與我們在第四章所討論的四種專案經理人型態有什麼不同。

　　還有其它許多評量工具，我們介紹四種你應該考慮的一般技巧：解決問題、衝突管理和解決方法、創意思考、以及做出決策。你會在自我技巧評量中，實際去測量在這四個領域的程度。不過，因爲它們對你順利成爲一個專案經理人是如此地重要，因此我們希望你還能注意到其它評量這四個領域的工具。我們會在這一章的後半段討論這些工具。也許你早已熟悉它們，而且過去就曾經接受過它們的測試並得到結

果。如果是這樣的話，很棒！那你將會從本章中受益更多。
這些工具如下：

- 學習型態量表（Learning Styles Inventory）
- 優勢開展量表（Strength Deployment Inventory）
- Myers-Briggs人格類型指標（Myers-Briggs Personality Type Indicator）
- Hermann腦部優勢主導法（Hermann Brain Dominance Instrument）
- Kirton的創新適應剖析量表（Kirton Innovation － Adaptive Profile）
- Strong Campbell的興趣量表（Strong Campbell Interest Inventory）
- 自我分析歷程（Self-analysis Process）

　　你也許想使用部份的工具，來做爲對個人的啓發。在這一章中，我們將提供足夠的資訊幫助你去執行任何一種你感興趣的工具。我們在對這七種評量工具做過簡短的介紹後，會將它們和專案管理的實際執行面做一個關連比較。

　　請容我們給你一個忠告－按照順序來讀這一章。這裡面所包含的資訊，很明顯比你頭一次閱讀所能吸收、甚致想要吸收的都還要多。因爲這個理由，我們建議你在第一次閱讀時，先把七種工具很快地瀏覽一遍。注意那些你特別感興趣、或對你特別有用的工具。你可以稍後再回來更深入地詳

開始 - - - - → 目標

你必須知道
自己所處的
位置。

讀。

世界級專案經理人的技巧輪廓

在1990年，Bob Wysocki曾嘗試找出造就世界級專案經
理人的背後原因。他發現世界級專案經理人有一個特徵－具
備來自五個不同領域的54種技巧。圖5.1按照一般分類列出
這些技巧。

接下來，我們需要一種尺規來測量你的技巧熟練度。這
個尺規必須能夠一致地運用在所有的技巧上，簡單易記。與

其我們自己創造一個，不如選擇現成、已建立良好、在成人教育和技巧評量專業中，已被普遍使用的布氏分類法，來測量技巧的程度。布氏分類法以六個層次來測量認知能力。它是以各個技巧所牽涉、可觀察和驗證的事件做為基礎。這六個層次的定義如下。

1.0 知識（我能定義這個技巧）

這裡所定義的知識，包括對於概念、內容或現象的記憶與回想。顧及測量的意圖，回想時所牽涉到的，比只是讓正確的內容重回腦海中還要多一點點。雖然某些內容的改變是必須的，但這只是這個任務中較次要的部份。

2.0 理解力（我能解釋如何運用這個技巧）

理解力指由於能夠瞭解隱藏於語文溝通中的訊息，因此表達在目標、行為和反應上。為了達到理解，一個人可能會在腦海裡、或是蓄意的回應中，將接收到的訊息修改成對他較有意義的平行模式。他的回應也可能稍微超出溝通訊息所要求的回應。

専案經理人的技巧輪廓

專案管理技巧
發展規章
評估複雜度
預估成本
成本管理
要徑管理
細節預測
專案規劃
專案結案
專案管理軟體
專案手冊建立
維護
專案組織
專案進程評估
取得資源
資源分配運用
資源要求
發展時間表
範圍管理
規模推估

管理技巧
授權
領導統御
應變管理
優先順序管理
會議管理
績效管理
品質管理
人員與生涯發展
人員的分派、聘雇和遴選

商業技巧
編定預算
業務評估
商業案例解析
商業功能
商業流程設計
公司產品/服務
核心應用系統
客戶服務
執行
策略戰術規劃
評估產品/供應商
程序和策略
系統整合
測試

人際技巧
衝突管理
彈性
影響力
人際關係
談判協商
關係管理
團隊管理/建立

個人技巧
創意
決策/關鍵思考
簡報
解決問題/找出問題
語言溝通
書面報告

圖5.1 專案經理人的技巧輪廓

3.0 應用（對於將此種技巧運用在一些簡單的狀況中，我有一些經驗）

指在特定而具體的情況中抽取、應用相關技巧。抽取出來的東西可能是一般性的概念、規則、程序或廣義的條理，也可能是技術原理、想法、以及需要記憶和應用的理論。

我們舉一個應用的範例：一個人能夠在沒有特定解決之道的情況中，正確地找出適合的技巧加以解決。這個人能夠將概括性的結論應用在現實生活中的問題上，即能夠將科學原理、基本公理、理論或其它抽象原則應用在全新的狀況中。

4.0 分析（我有廣泛的經驗將此種技巧運用在複雜的情況中）

分析指將溝通中的訊息分解為組成原素或零件，使得概念想法之間的層級和關係能夠清楚地表達出來。這種分析是為了澄清溝通，說明溝通的組成方式，以及傳達訊息的涵義與安排。分析所處理的是訊息素材的內容和形式。

5.0 綜合（我能將此種技巧應用到別的用途上）

綜合代表將不同的原素或零件放在一起，組成另一個整

體。這牽涉到處理片段零件和原素的工作程序，最後再將它
們安排組合在一起，形成和原來不大相同的構成型態和結
構。

6.0 評估（我的同事視我為運用此種技巧的專家）

評估指針對已知的意圖來判定標的素材與方法的價值。
定量與定性的判定，與標的素材和方法滿足相關準則的程度
有關。評估的準則可能由個人決定，也可能由他人決定。

自我評量

因此你可以利用此表來自我評量這54種技巧，我們將評
量的調查表放在附錄B。它的編排方式有助於你自我評量自
己的技巧，定位自己到底屬於我們前面所定義之4種專案經
理人中的哪一個階級？在你繼續往下閱讀本章之前，請先做
完這個問卷調查。

我們很高興你又回來了，讓我們繼續往下探討。現在你
已經評估出自己對這54種技巧的熟練度，我們就拿你和四種
專案經理人的技巧輪廓，逐一做比較。透過這種比較，你就
可以決定自己是否準備好去承擔每一種專案經理人所負的責
任。圖5.2到5.6顯示每一層級的專案經理人所需具備的技巧
熟練程度，包括專案管理、管理、商業、個人以及人際等技

能。回顧一下第四章，四種專案類型和相關之專案經理人的
定義如下：

◆ 類型IV－簡單之專案。由小隊長負責領導。

◆ 類型III－組織複雜性專案。由專案經理人或資深專案
經理人負責領導。

◆ 類型II－技術複雜性專案。由專案經理人或資深專案
經理人負責領導。

◆ 類型I－關鍵任務性專案。由資深專案經理人或計劃
經理人負責領導。

在你仔細檢視圖5.2到5.6時，請逐一由類型IV到類型I
專案，注意其中每種技巧的最低熟練度要求。在你逐步邁進
專案管理的不同層級時，拿出自己的技巧輪廓和這些輪廓相
互比較，你就可以知道自己需要發展那些技巧。

專案經理人的技巧評量

如果你以為只要具備專案管理中的「滑輪組件技術」
（block-and-tackle），就能成為一個成功專案經理人的話，請
繼續往下讀。我們有些訊息要讓你知道。沒錯，你需要那些
與設定範圍、專案規劃、執行、追蹤、狀況報告以及結案等
直接相關的所有技巧，但你還必須具備很多其它技巧。在我
們開始討論之前，先來看看四個最明顯的例子。

專案管理技巧	VI	III	II	I
發展規章	3	4	4	4
評估複雜度	-	3	3	4
預估成本	3	4	4	5
成本管理	3	4	4	5
要徑管理	3	4	4	4
細節預測	3	4	4	5
專案規劃（WBS、網路、PERT等等）	3	4	4	4
專案結案	3	4	4	5
專案管理軟體技術	3	4	4	4
專案手冊建立與維護	3	4	4	4
專案組織	-	3	3	5
專案進程評估	2	3	3	4
取得資源	2	4	4	5
資源分配運用	2	4	4	5
資源要求	2	4	4	5
發展時間表	3	3	3	4
範圍管理	3	4	4	5
規模大小的推估	3	4	4	5

圖5.2　專案管理技巧

管理技巧	VI	III	II	I
授權	3	4	4	5
領導統御	3	4	4	5
應變管理	-	4	4	4
優先順序管理	3	4	4	5
會議管理	3	4	4	5
績效管理	-	3	3	4
品質管理	3	3	3	4
人員與生涯發展	-	-	-	4
人員分配、聘雇和遴選	-	4	4	4

圖5.3 管理技巧

商業技巧	VI	III	II	I
編定預算	-	3	3	4
業務評估	-	4	4	4
商業案例解析	-	-	-	4
商業功能	3	3	3	4
商業流程設計	-	3	3	3
公司產品/服務	-	3	3	3
核心應用系統	3	3	3	3
客戶服務	-	-	-	3
執行	4	5	5	5
策略戰術規劃	-	3	3	3
評估產品／供應商	-	-	-	4
標準、程序和策略	3	4	4	4
系統和技術的整合	-	4	4	4
測試	4	4	4	4

圖5.4　商業技巧

人際技巧	VI	III	II	I
衝突管理	3	4	4	4
彈性	3	4	4	4
影響力	-	3	3	4
人際關係	3	4	4	4
談判協商	-	3	3	4
公關管理	-	4	4	5
團隊管理/建立	3	4	4	4

圖5.5　人際技巧

個人技巧	VI	III	II	I
創意	3	4	4	5
決策／關鍵思考	-	4	4	5
簡報	-	4	4	5
解決問題/找出問題	4	4	4	5
語言溝通	3	4	4	4
書面報告	3	3	3	4

圖5.6 個人技巧

解決問題

我們執行專案管理已經35個年頭了，不過從沒遇過一個完全照著計劃走的專案。總是會發生某些意料之外的事情，使我們不得不重新回到計劃板前，搔破頭為眼前的困境找出路。專案經理人必須能夠評估狀況並找出可被接受的答案。這必須靠他拿出搜集資料的本領、規劃可供選擇的解決方案、評估每個選擇、挑出最好的方法、將最好的方法推銷給各個關係人、執行所選擇的解決方案、持續追蹤，直到他確定所有問題都已經真正解決。

美國的教育系統往往使學生對於解決問題產生某種思維的偏見。一個人於整個求學期間要解決很多問題，但大部份都是預先建構好的問題，也稱為封閉性問題，答案只有一個。例如數學或物理問題；或找出問題—這一類問題要應試者找出錯誤的地方並加以修正。

還有另外一種完全不同的問題，稱為開放性問題，答案不只一個。比方說，如何設計東西、如何發展專案策略等等。這一類問題會有很多同等效能的解答。當你更進一步回頭看看身邊所遇到的問題時，你會發現它們大部份都屬於開放性問題。但是學校教育卻讓我們產生一種偏見，讓我們只想去尋找單一的答案，這使得我們在處理開放性狀況時，常常感到癱瘓無力。或者，我們會想出一種「快速修正」的方

法，但是這個方法只能暫時消除問題的表面症狀，卻無法真正地處理問題的本質。

我們發現很多專案常常在一開始就宣告失敗，原因是團隊組員根本沒有正確地定義出專案所要解決的問題。所以我們認為，如果你想成為一個成功的專案經理人，這個技巧對你來說極其重要。我們建議你自己設定目標去發展這一項技巧。如果你想對如何解決封閉性和開放性問題有個大概的認識，我們推薦你看看以下這本書：《專案經理人的案頭參考—第二版》（The Project Manager's Desk Reference），作者是Jim Lewis。

衝突管理和解決方法

對某些人來說，這可能是一個較為陌生的領域。但對一個成功的專案經理人來說，這個技巧的重要性不亞於其它技巧，甚至有過之而無不及。這是因為任何團隊都無法完全避免衝突。人們對於如何將事情做好，各有自己的一套看法；他們的個人目標可能互相衝突，他們的個性可能有時候無法彼此協調。因此，一個專案經理人必須知道如何管理和解決衝突。

專案執行中，不同想法造成的衝突是激盪創意的必經之路，所以，衝突管理極其重要。每個人都會提出自己的意見，立場態度的相左常會造成人際的衝突。如果一個人說：

「那真是一個愚蠢的主意。」你可以想像提出這個主意的人
將會感覺受到攻擊，使這兩人的人際衝突也隨即升溫。因為
這個理由，團隊的每個成員都應被教導只能針對意見本身的
優缺點做評論。例如你可以說：「我認為這個方法並未指出
問題的重點。」這樣的評論才不會對於提出建議者造成人身
攻擊。

　　衝突管理是一門技巧，能使所有團隊成員發揮創意、解
決問題，而且能夠避免彼此間的人際衝突。儘管如此，人際
衝突似乎無法完全避免，常常不經意地發生，因此專案經理
人必須能夠處理和解決。

　　很幸運地，衝突管理和解決的技巧並非遙不可及。然
而，並非每個人都能完美地使用這種技巧，沒有一個人能夠
精通所有的技巧，但只要我們願意，每個人都可以將自己的
技巧提升到某種程度。認清衝突並不會自動解決是很重要的
一件事。有些專案經理人會掉入思考偏差的陷阱。這些經理
人發現處理衝突令人感到不舒服；他們不樂意見到團隊中有
任何情緒性的舉動；他們希望衝突會自動消失。

　　這是一種駝鳥心態。將頭埋在土裡並不能使問題消失；
事實上，這常會使問題愈變愈糟。所以，避免衝突並非問題
的答案。如果你給成員們合理的時間去解決彼此的爭端，但
他們卻始終毫無進展，那你就必須插手接管這件事了。

　　很多專案經理人不喜歡這部份的工作。我們在這一節
裡，舉出人們處理「人際問題」時所偏好的各類思考模式。

許多技術人員和科學家對這部份的工作不感興趣,所以他們會儘量避免面對這些情況。或是他們在必須介入調停時,發現這是一個討厭的差事。就像我們在本書其它地方所建議的,如果你十分厭惡處理人的問題,那你就要重新考慮自己的事業志向。你不會想要成為一個專案經理人的,因為人的問題總是如影隨形、揮之不去。記住:專案是由人組成的,不是設備、原料,也不是PERT圖表。

創意思考

如果你的想法屬於極端程序導向的話,你可能就不是一個好的創意人。那麼,從別的團隊成員身上吸取資源會變得非常重要。跳出框框,別被傳統的想法和慣例所束縛。如果你曾想與過去有所不同,現在正是時候。

你會發現(在本章的後半部)有些人天生就善於創意思考,有些人則善於分析或細節思考。無論如何,我們發現幫助一個著重分析思考的人去學習創意思考,會比幫助一個著重創意思考的人去學習分析思考,來得容易許多。現實裡有很多探討這方面主題的書,我們不可能將它們一一列出。我們發現其中幾本特別實用,例如Michael Michalko所著的《思考者玩具》(Thinker-toys),Edward De Bono所著的《嚴肅創意》(Serious Creativity),還有Roger Von Oech所著的《腦部衝擊》(A Whack on the Side of the Head)。

決策

你如何定義一個問題？如何搜集支持某論點的必要數據？如何規劃數個替代性的解決方案？如何評估這些方案，再選出一個最佳方案加以執行？一個好的決策者需要一系列的技巧。很多技術人員只具備某些必要的技巧，但並非全部。如果你本身並未掌握所有的技巧，你要確定整個團隊的其他成員擁有這些技巧，那將會是個聰明的抉擇。

其它評量工具

就像我們先前所說的，解決問題、衝突管理、創意思考和決策是如此重要，所以我們覺得有必要提出一些評量診斷的其它工具，讓你運用於這四個技巧領域。市面上販售很多個人和團體都可以使用的評量工具。這裡所提出的七種工具，是我們多年來曾經成功使用於顧客工作中的。我們之所以選擇將它們編入本書中，是因為我們可以提出自己的使用經驗。

你將會熟悉其中幾項方法。對於那些熟悉的方法，你可能會想參照並閱讀相關的章節，瞭解這些工具的計分結果與你成為專案經理人的意願及適合度之間所產生的關連。如果你不熟悉其中任何一項方法，現在就是你開始著手的好時

機。你也許會想更進一步瞭解其中某些方法，並考慮利用它們來評量自己。

　　將這一節當做未來發展計劃的參考。讀第一遍時，你要做的是儘快熟悉每一種工具。當你需要更多細節、或你已經挑出用得到的特定工具時，你可以再回到這一節，用它們來做自我評量。

學習型態量表

　　學習型態量表（LSI）最早由David Kolb於1981年提出，並經由海麥伯訓練資源集團（Hay McBer Training Resources Group）銷售。LSI包括12個題目，計設來幫助你評估自己的學習方式。雖然你可能認為透過摸索新事物來獲得經驗，勝於聆聽別人的教誨。不過，LSI將幫助你正確地明瞭自己的學習方式，以及告訴你該做什麼來增進自己的學習能力。這些問題會要求你在四種不同的選擇當中，選出自己在各種不同學習情況下的偏好程度。舉例來說，其中一個問題問道：

　　回答時請按照與自己類似的程度，將四個答案依序排列。LSI將會自行運作和計分。依照LSI中所解釋的演算法，這些排序會製成表格並呈現於以下四個座標平面：抽象概念、積極實驗、具體經驗、以及反省觀察。

　　一個簡單的例子可以幫助我們解釋這四個座標平面。讓

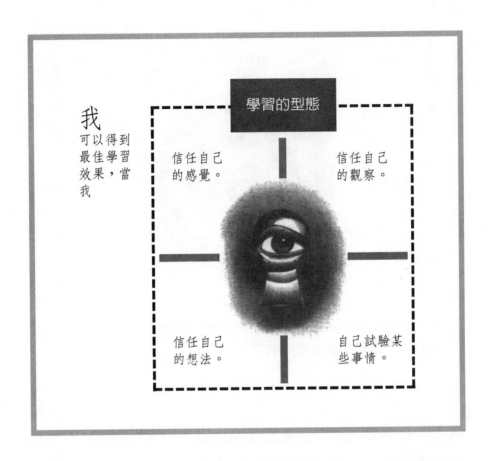

我們假設你想要學習游泳。如果你說：「我想要查閱液體浮力的原理」，這就是一個抽象概念的例子。如果你說：「我想直接跳進游池，但我希望下沈時能有個人陪在身邊。」，這則是積極實驗的例子。如果你說：「把我丟到游池裡，我在往下沈時自然就學會了。」這是具體經驗。最後，如果你說：「我能不能先在旁邊觀察一下，看看別人是怎麼游的。」這則是反省觀察的例子。這四種都是有效的學習模式，我們

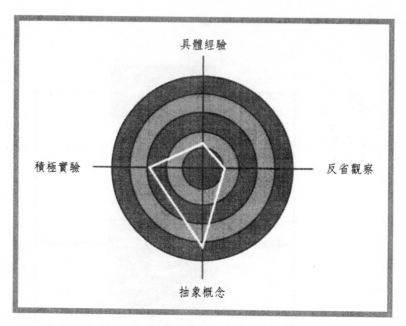

圖5.7　學習型態量表的例子

每個人學習時都會交叉使用這四種模式。但是我們會在某些
特定的情形下，偏好使用其中一種。圖5.7顯示一個人強烈
偏好抽象概念和積極實驗，遠勝於具體經驗和反省觀察的典
型結果。一個人的特徵如果被描繪成這種風箏形狀（數據顯
示出來的圖形），他會是一個良好的問題解決者，喜歡以結
果為導向。這類型的人通常會從事技術、專門性的職業，例
如技術性專案經理人。

　　這四個座標平面也可以進一步繪製成二維的圖形，如圖
5.8所示。我們將圖5.7的風箏形（kite）結果代入這些二維

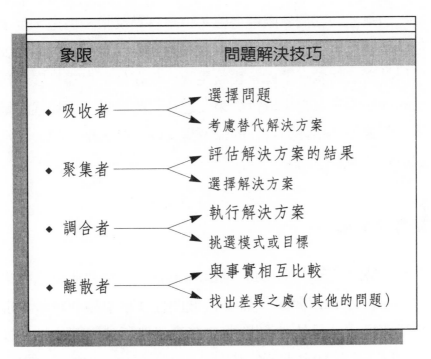

象限	問題解決技巧
◆ 吸收者	選擇問題
	考慮替代解決方案
◆ 聚集者	評估解決方案的結果
	選擇解決方案
◆ 調合者	執行解決方案
	挑選模式或目標
◆ 離散者	與事實相互比較
	找出差異之處（其他的問題）

圖5.8　學習型態之類型

構面即可得出數據點。

　　水平座標所標示的是積極實驗和反省觀察的得分差異。垂直座標所標示的則是抽象概念和具體經驗的得分差異。學習型態量表的小冊子會告訴你計算的公式。將數據以這種形式呈現出來，你就可以拿自己的學習型態和解決問題的程序型態做個比較。如底下所示，涉及解決問題時，每個象限都有其特殊的長處。因為解決問題和做出決策之間的關係相當密切，所以這個方法也同樣適用於決策方面。

如果你的四個象限都很強，這是有點反常。但是，至少這些數據可以告訴你，你的優點和缺點各落在那裡。那你就可以針對它們做好準備。也就是說，現在你可以盡量展現自己的優點，未來再採取行動來改進自己的缺點。你較強的是那一個象限？和你對自己的瞭解是否吻合？大部份的人都承認這兩者確實相關。

優勢開展量表

優勢開展量表（SDI）是Elias Porter於1973年創造出來的。它包含20個問題，其中10個問你在事事順利時所表現的行為模式，另外10個則問你在遭遇挫折時表現的行為模式。以下是前10個問題的其中之一：

我發現身處於那些最令人滿意的人際關係中時，我可以……

_____ 支持我所信賴的人成為一個優秀的領導人。

_____ 成為一個領導人，讓大家都自願追隨我。

_____ 既不是一個領導人，也不是一個追隨者。但我可以自由獨立地以自己的方式前進。

現在，這裡是另外10個問題的其中之一：

當別人堅持以他自己的方式行事時，我會傾向於……。

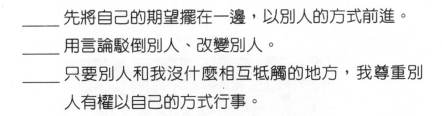

_____ 先將自己的期望擺在一邊，以別人的方式前進。

_____ 用言論駁倒別人、改變別人。

_____ 只要別人和我沒什麼相互牴觸的地方，我尊重別
　　　人有權以自己的方式行事。

　　你回答時，要分配10點分數到這三個答案中。那一個答案的分數愈高，表示它愈能反映你的行為表現。並沒有絕對正確或錯誤的答案，這項工具只是簡單地描述行為表現而已。

　　SDI的其中一項優點是，它可以自行記分和分析。你不需要花大錢請一個顧問來跟你解釋數據背後的意義。SDI的小冊子中，不僅包含了這20個題目，還包括你在回答問題的分析過程中，需要用到的說明和數據樣板。

　　圖5.9是一份依照我們同事提供的數據所描繪出來的圖形。箭頭的直線部份代表情況順利時所表現的行為。箭號的尖端部份則代表遭遇措折時所表現的行為。我們可以從這種箭頭分析得知一個人處理衝突的方式。第一，注意 A 這個人，代表他的箭號幾乎完全落在圖形的中央圓圈中（又可稱為中心）。所以這個人不管是否處於衝突之中，都不會強烈偏向某種行為模式。他有點高深莫測。你無法分辨他是否處於衝突的行為模式中。這可算是優點，但也算是缺點。它之所以為優點的原因是，這類型的人會在做任何決定之前，權衡所有相關意見。之所以為缺點的原因則是，這種人較缺乏

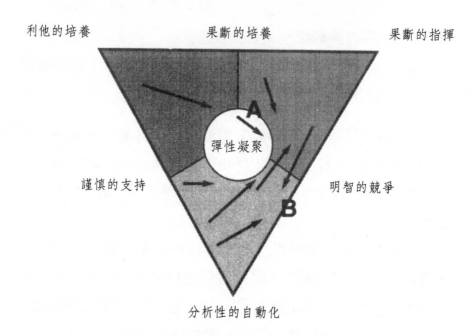

利他的培養　　　　　果斷的培養　　　　　果斷的指揮

彈性凝聚

謹慎的支持　　　　　　　　　　　　明智的競爭

分析性的自動化

圖5.9　優勢開展量表的得分例子

決斷力，常被視為反覆無常、優柔寡斷。事實上，這種人很
容易被週遭情況影響，一旦情況轉變，行為表現則可能出現
極大差異。他可能傾向凡事深思熟慮，不會不經思考就做出
直覺反應或決定。如果你論定這類型的人通常會是一個好的
專案經理人，那麼你是對的。但這並不表示你的箭頭一定要
落在中心，你才能成為一個好的專案經理人。不管箭頭的落
點在那兒，你都可以成為一個好的專案經理人。它只是指出
一個事實──一個人的箭頭若分布在中心或靠近中心位置，象

徵性地表示他能成為好的專案經理人。

B這個人是很不一樣的。他非常積極和結果導向，當處於衝突中時，傾向以邏輯分析自己的觀點。這種人不管是在正常或衝突的情況中，人際技巧都很差。

Myers-Briggs的人格類型指標

這一節的標題也許應該叫做「我是誰？」，會來得更為貼切。因為這一節所討論的都是一個人和專案管理相關的特性。對於「哪種類型的人可以成為一個好的專案經理人？」這個問題，我們並不自認已找出一個完整的答案。同樣地，我們也還未找到一種測驗，可以讓你做了之後就能決定這種事。

我們所提供的，是深入探討某些議題，例如人格、思考模式和其它一些會影響一個人成為專案經理人的能耐之特徵。我們將你視為一個獨立的個體，讓你自己決定自己的性情、可塑性是否適合從事專案管理。

每年大約有一百萬人使用Myers-Briggs的人格類型指標（MBTI）來評估自己的人格。Isabel Myers Briggs根據瑞士精神學家Car Jung所提出的理論，發展出這個工具模式。它從四個方面來評估一個人和世界互動的偏好傾向。相關討論列於下文。每個構面都以兩個字母來代表，如下面段落標題旁邊之括號所示。

外向－內向（E／I）。

　　Jung假設我們有兩種取得精力和能量的管道。內向者的能量來自本身內部。想法、概念和夢想是內向者的動力燃料。相反地，外向者的能量則來自外在事物－例如人群、地位、事件和狀態。大眾錯誤地以為內向者是離群索居的遁世者，其實剛好相反。他們可以自由而舒服地與別人相處，因為他們可以透過內心世界的思考和理想，來得到歡愉與鼓勵。

　　同樣地，外向者也不是全然的「宴會狂熱者」。他們也有屬於自己的安靜時刻。但是，他們確實要藉由與他人互動來獲取能量。相反地，內向者卻會因為長時間的互動而感覺油盡燈枯。事實上，內向者每天都需要與自己的思維獨處，重新充電。但是，外向者無法自己長時間獨處，他們會覺得賴以維生的外界感官刺激被剝奪了。

　　很有趣地，因為外向者從外界互動得到這麼多的能量，所以他們常常不瞭解內向者與自己獨處的需要。他們覺得這樣不正常，有時候甚致將內向者視為遁世者，因為他們不瞭解每個人取得能量的方式並不相同。

　　大約有75%的美國人屬於外向者，25%屬於內向者。可是，技術人員的統計資料卻偏向相反的結果。大約75%的工程師、程式設計師和科學家屬於內向者。

　　這代表什麼？第一點，這與內向者如何適應工作環境有極大關係。內向者比外向者容易被外界的雜音干擾。他們無

法在吵雜的工作環境中冷靜思考。所以我們應該將工程師和
程式設計師安置在什麼地方呢？集體安置在大型的隔間中，
常會使他們被週遭的噪音打斷工作。

　　相反地，外向者喜歡在工作時聽聽收音機刺耳的聲音、
跟著音樂踩拍子，或是自己哼哼唱唱。很明顯地，他的收音
機會使同一個工作隔間中的內向同事分心，讓內向型同事幾
乎想殺掉這個吵鬧的傢伙。

　　從生產力的觀點來看，企業組織對待人力資源比對待資
本設備要差得多。美國東南部有一家大型的機器工廠，裡面
的機器幾乎完全由電腦控制。如果沒有空調設備的話，電腦

控制就會當機。所以，即使外面是華氏100度的高溫，工廠裡還是保持舒適宜人的溫度。

但是，我們付錢請人來動腦思考，卻將他們安置在一個讓他們無法思考的地方，然後再質疑他們的生產力為什麼如此低落。我們是不是有點不盡情理？

在內向－外向的評量中，你會得到兩種分數，比較不會只得到單一分數而表示你只傾向單一方面。所以，你可能會在內向方面得到18分，在外向方面得到26分。我們每個人都會在某些領域偏向這兩個方之一。但是很自然地，你也可能完全偏向一方，其中一方得到零分，另一方得到滿分。

那一種最好？一方得到零分、另一方得到滿分的人，可能覺得自己在現實中被偏好所驅使。也就是說，如果他是一個極端外向的人，他可能完全無法忍受寂寞。但是，如果他是一個極端內向者，無止盡的互動關係則是一種折磨。基於這個理由，也許兩方都得到一些分數會好一些。但如果你不是這樣，也無庸擔心。這個工具評量你對於某些模式的偏好程度，你可以順從或違背這些偏好。選擇掌握在你自己的手中。

感官與直覺（S／N）。

MBTI的下一個測量天平是感官與直覺。請注意，因為我們已經用「I」來代表內向（introversion），所以我們用「N」來代表直覺（intuition）。這個天平衡量的是認知或取得

資訊的管道，也就是你找出事情眞相的方式。

如果你偏愛用感官來取得資訊，那麼你使用的是身體上的五種感覺器官。就像偵探Cloumbo，感官者傾向於說：「這就是事實，夫人，這就是事實。」他們信任此時此地所提供之線索，非常注重現實與講究實際。他們通常善於記憶和處理眞相。

有些人則偏好以直覺來取得資訊。他們依賴直覺來感受事情背後的含意、關係和潛在可能性，意即感官所無法察覺的資訊。他們透過直覺看到整個藍圖，試著瞭解態勢中重要的型式。他們善於看出新的可能性，找到新的做事方法。他們重視創造力和靈感。

思考與感覺（T／F）。

這個天平衡量你的決策過程。在你透過感官或直覺搜集到資訊後，你需要利用這些資訊來執行某些事情。你可能會得到結論、做出決策或是形成主觀意識。

喜歡思考的人比較能客觀地做出決策。他們以邏輯來推論現有的全部選擇，權衡正反兩面意見來做決策。他們追尋客觀的眞相，反對過於主觀的評論。

另一方面，跟著感覺走的人會考慮對自己或其他人最重要的東西是什麼，以價值觀來做爲決策的基準。邏輯並非絕對必要。如果你是爲自己做決定，你會問問自己在乎這件事情的程度，或到底需要投資多少心力。請注意，「感覺」

（feeling）在這兒指的是，以價值觀而非事實來做為決策的
基準，和情感無關。

判斷與理解（J／P）。

　　這個天平衡量的是引導自己與外界接軌的方式。這個天
平和前面兩個有點關連。如果你以判斷的立場來看這個世
界，那麼你主要使用思考或感覺；但如果你的立場是理解的
話，那你使用的則是感官或直覺。

　　採行判斷態度的人（思考或感覺）傾向過著有計劃、有
條理的生活。這種人希望好好控制管理自己的生活。自己做
決定、終結、再繼續往前。偏好判斷的人喜歡把事情安排與
組織妥當、以及收拾殘局。雖然「判斷」這個詞帶有負面的
含意，但我們不應該如此解讀。所有的類型都可能帶有判斷
的意味。

　　偏好理解的人則喜歡過著彈性自在的生活。他們不喜歡
嚴謹的架構、固定的日常慣例；喜歡開放的自由選擇。他們
想要瞭解生活，而非控制生活。他們願意嘗試全新的經驗，
活在當下。

人格類型。

　　我們用每個天平的其中一個字母來代表一種人格類型。
舉例來說，我們會有ESTJ、ESTP、INFP、ISFJ這幾種型
態。因此，總共可以得到16種不同的類型。因為每個類型都
具有特定的偏好組合，所以表現出來的特徵也會有些許不

同。當然，因為大部份人並不完全偏向天平的一方，所以人格類型也可能多於16種。事實上，如你所料，人類人格的些微差異，數目之大根本無法計數。對我們來說，要將人格詳細分類成一個個細目，然後說：「那就是你」，實在是一件太複雜的事。無論如何，每年都有上百萬的人參加MBIT測試，其中大部份的人都同意，測試得出的人格類型和真正的自己之間，有著不可思議的相似之處。他們可能會說：「哦！那幾乎就是我。」所以，我們可以認定MBTI具有「表面效度」（face validity）。這表示它似乎已經測量出原本計劃要測量的東西了。

氣質。

　　這其中存在著一個問題－16種對人們來說實在是太多了，難以記在腦中。另外，人們似乎較喜歡簡單地採行通用數個世紀的四種氣質，來區分和描述所觀察到的人。David Keirsey 曾在他的書中－《請瞭解我─第二部》（Please Understand Me II），對氣質加以廣泛地討論。

　　氣質只用到16種人格中所用的兩個字母。這些雙字母組合是以兩種行為模式座標做為基礎。圖5.10顯示詳細的圖形解說。其中一個座標是溝通，指一個人說話用語偏向抽象或具體。另一個座標則是使用工具時的心態，偏向合作或功利。Keirsey將「工具」一詞定義得十分廣泛－工具可以是任何事物，包括實際的器具，例如汽車或電腦中的一根小螺

		詞彙	
		抽象	具體
工具	合作性	理想主義者 NF 總人口的10%	守護者 SJ 總人口的45%
	功利性	理性者 NT 總人口的5%	技藝者 SP 總人口的40%

圖5.10　Kiersey氣質論

絲釘。

　　直覺者所用的表達詞彙較爲抽象，而感官者則較爲具體。關於工具的使用心態部份，我們可以瞭解感覺、判斷類型者傾向於共同合作，而思考、理解類型者則傾向於現實功利。

　　Keirsey認爲抽象溝通是指一個人說話時較常使用比喻、象徵和籠統的措辭，相反地，具體溝通者則較常使用明確、中肯和眞實的詞句。他認爲抽象溝通較屬於象徵性質，溝通者試著描述無法立即親眼所見的事情；而具體溝通者所送出的訊息則直指眼前所見之事。

　　至於工具的使用心態方面，Keirsey將共同合作定義爲

有時候，組織對待人力資源比對待資本設備還要差。

一個人以別人贊同的方式來使用工具。現實功利者則不管別人是否贊同，只要工具能產生作用，一律照做不誤。引用Keirsey的話：「合作者會試著與別人一起達到目標……。功利者則盡可能以最有效率的方法，達到自己的目的……」（Keirsey，©1998，pg.28）

才華

Keirsey認為我們擁有不同的能力來使用外交、策略、後

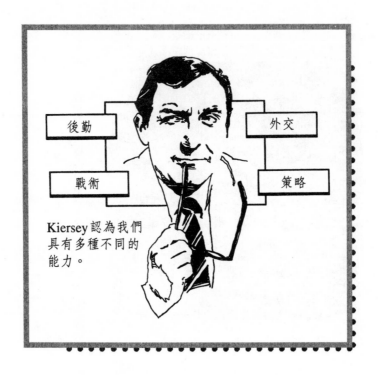

後勤

外交

戰術

策略

Kiersey 認為我們
具有多種不同的
能力。

勤和戰術等技巧,而這四種氣質當中會有一項特別出眾。我
們會發現,這為專案經理人帶來明確的涵義。

「外交能力是指一個人能夠技巧、圓滑地與別人相處……
…」(Keisey,©1998,pg.123)。戰術技巧則是指「……在
任何時空背景下能將自己移往最佳位置的藝術……」
(Keisey,©1998,pg.38)。「後勤則是取得、分配、維護和
置換原料物質」(Keisey,©1998,pg.82)。最後,「策略是
為了達成既訂目標,所使用的必要手段和方法」(Keisey,
©1998,pg.169)。

　　由以下對四種氣質的描述中，我們可以看到這些技巧如
何對每種氣質產生作用，以及它們如何影響一個人成為何種
類型的專案經理人。

NF/理想主義氣質

　　圖中抽象—合作所圍成的區域代表NF氣質（請看圖
5.11），也被稱為理想主義者。Keirsey指出這類氣質的人占
所有人口的百分之十。歷史上著名的例子為瑪哈他瑪‧甘地
（Mahatma Gandhi）。

　　理想主義者在外交技巧上特別出眾。Keirsey認為理想
主義者的四種才華排序如下：

1. 外交
2. 策略
3. 後勤
4. 戰術

　　所以，我們可以預期一個理想主義的專案經理人會十分
擅長處理「人」的事務，例如建立團隊、管理衝突、照料團
隊成員的私人需求等等。他們也相對較善於放眼計劃整個藍
圖、制定良善的策略。另一方面，理想主義者較不善於後勤
工作，也就是提供補給給團隊成員，滿足他們工作上的需
求。他們也不善於戰術事務，也就是計劃專案的執行細節與

		詞彙	
		抽象	具體
工具	合作性	理想主義者 NF 總人口的10%	守護者 SJ 總人口的45%
	功利性	理性者 NT 總人口的5%	技藝者 SP 總人口的40%

圖5.11　理想主義氣質

NF的外交角色	
良師	提倡者
ENFJ：老師	ENFP：鬥士
INFJ：顧問	INFP：治療師

圖5.12　NF的外交角色

步驟。因此有關細節的部份，最好交由團隊其他成員去做。

理想主義者傾向做別人的助手。理想主義者因其特殊的個性，不論是ENFJ、INFJ、ENFP或INFP，皆可做為別人的良師益友或擁護者。圖5.12列出這些不同角色的轉化。（如欲獲得更多的資料，請看Keirse，©1998，pg.126ff）

SJ／守護者氣質

具備SJ氣質的人被稱為守護者，和理想主義者一樣，他們使用工具的心態也屬於共同合作。但是，與理想主義者不同的是，守護者使用的溝通辭彙較為具體，而理想主義者則較為抽象。守護者非常注重安全、控制、資訊正確、承諾、服從和遵守規則等等。他工作認真，為了「制訂與執行規範行動之法律，堅持只有建立和遵守規則才能維護民眾的秩序，才能保衛我們的家庭、社區和企業」（Keirsey，©1998，pg.80）。

在四種不同氣質型態的人當中，守護者最善於處理後勤工作。根據Keirsey的說法，他們的技巧擅長順序排列如下：

1. 後勤
2. 戰術
3. 外交

		詞彙	
		抽象	具體
工具	合作性	理想主義者 NF 總人口的10%	守護者 SJ 總人口的45%
	功利性	理性者 NT 總人口的5%	技藝者 SP 總人口的40%

圖5.13　守護者氣質

4. 策略

　　他們可能善於研擬推動全面策略的戰術。但他們較不善於處理人的事務（外交），或是發展大規模的策略。

　　Keirsey認為守護者和理性者加起來在公司中所占的比例幾乎達80%，雖然這兩個族群加起來不過占總人口的50%。更進一步地說，他們在矩陣中所占的位置互相對立，表示他們最有機會起衝突。守護者以具體的方式溝通，但理性者的談吐較為抽象，因此他們彼此較難互相瞭解。同時，守護者使用工具的心態為共同合作，但理性者則為現實功利。理性者為達目的不擇手段，必要時甚致不惜破壞工具的正確使用

SJ 的後勤支援角色	
行政人員	管理者
ENFJ：監督者	INFP：保護者
INFJ：檢驗員	ENFP：供應者

圖 5.14　SJ 的後勤支援角色

「規則」，但是捍衛規則的守護者卻無法接受這種行為，他們甚致認為這會威脅到社會的秩序結構。

　　很多工程師是理性者，但很多經理人卻是守護者，因此這兩個族群的人似乎總是彼此看不順眼。工程師認為他的守護者經理人根本不清楚在做什麼（有時候可能確實如此）、不尊重他的工作、太過古板。守護者則認為工程師瘋瘋癲癲、不守紀律、滿腦子不切實際。雖然理想主義者和理性者比起來較不切實際，但至少理想主義者使用工具的心態為共同合作，而理性者卻是個造反的傢伙。守護者的後勤角色如圖 5.14 所示（取自 Keirsey，©1998，pg.84）。

NT／理性者氣質

　　如同我們剛剛所談到的，理性者的氣質特點正好與守護

		詞彙	
		抽象	具體
工具	合作性	理想主義者 NF 總人口的10%	守護者 SJ 總人口的45%
	功利性	理性者 NT 總人口的5%	技藝者 SP 總人口的40%

圖5.15　理性者氣質

者相反，所占的人口比例也最小，只有5％。這是Keirsey所
提出的數據。

　　他們重視邏輯，有時候被認為與人群脫節、冷淡而疏
離。他們可能缺乏社交技巧，大部份的時間都沈浸在讀書和
學習中。

　　理性者天生是個策略家。策略是為了達到目標所擬定的
方法和手段。理性者很擅長為整個專案設計遊戲計劃。以下
是Keirsey所認為的理性者之才華排列順序：

1. 策略

NT的策略性角色	
協調者	工程師
ENTJ：疆域指揮官	INTP：設計師
INTJ：策劃者	ENTP：發明者

圖5.16　NT的策略性角色

2. 外交

3. 戰術

4. 後勤

　　請注意，理性者和守護者的排列順序幾乎完全相反。雖然他們互相對立、彼此間衝突不斷，但是一個專案團隊卻需要兩者同時存在才能成功。理性者善於謀略和外交，但缺乏戰術和後勤技巧。他們較不傾向專注於專案的細節計劃。圖5.16顯示NT的策略角色（Keirsey，（c）1998，pg.173）。

　　很有趣地，我們發現外交是理性者排行第二的才華，雖然他們常被認為無法適應社交環境。他們可能或只是缺乏練習外交技巧的機會。無論如何，他們具有成為幹練外交家的潛能；專案經理人沒有實權、卻又必須利用影響力來完成工作，所以他們格外需要具備這部份的技巧。

工具	詞彙：抽象	詞彙：具體
合作性	理想主義者 NF 總人口的10%	守護者 SJ 總人口的45%
功利性	理性者 NT 總人口的5%	技藝者 SP 總人口的40%

圖5.17　技藝者氣質

SP／技藝者氣質

技藝者傾向於專精一項純粹、實際的事情（Keirsey，©1998，pg.33）。他們可能是最不合作的族群，因爲他們徹底厭惡守護者所捍衛的規章和條例，他們也不喜歡每日的例行公事架構。（請看圖5.17）

在學校中，負責管理的老師和校長絕大部份屬於守護者，這種環境很對守護者的脾胃，卻讓技藝者無聊得幾乎發狂。屬於技藝者的小孩常常被貼上「過動」的標籤，因爲只要是他們覺得無聊的科目，他們就無法在課堂上乖乖坐好。在美國這種藥物取向的文化中，常會藉由Ritalin來控制他們

表演者	
操作者	表演者
ENFJ：發起者	ENFP：演出者
INFJ：手藝者	INFP：作曲者

圖5.18 技藝者的戰術角色

的行爲。他們不願服從規範守則，守護者常將其視爲一種對社會秩序的威脅，並堅信必須持續加以控制。守護者會試圖馴服這些不幸的技藝者，以重建秩序。

Keirsey認爲技藝者對於戰術技巧最具天份。如果理性者能夠提出一個引領眾人的策略，技藝者就能想辦法使這個策略奏效。以下是Keirsy對其才華技巧的排行順序：

1. 戰術
2. 後勤
3. 策略
4. 外交

我們的結論是，技藝者可以爲專案做出完美的詳細時間表（如果你可以在組織中找到這種人的話）。請注意，技藝者幾乎占全人口的40%，但卻只占組織人口中的5%。如果

技藝者在公司裡工作，他們可能會被視爲不依常理行事的怪胎。

圖5.18列出技藝者的戰術角色（Keirsey，©1998，pg.40）。

以上是有關Myers-Briggs的人格類型與Keirsey的氣質分類之扼要速寫。我們希望這個速寫可以幫助你瞭解，自己的個性將如何影響你完成專案的方式。依照Ned Herrmann的建議，我們相信不論那一種氣質的人都可以成爲一個成功的專案經理人，但每個人達到目標的方式會不盡相同。屬於NT的理性者將熱衷於制訂專案策略，NF的理想主義者熱衷於與相關團體建立外交關係，SJ的守護者喜愛從事專案的後勤計劃，而SP的技藝者則喜愛從事專案的戰術計劃。值得注意的是，一個團隊如果缺少任何一種氣質的成員，就必須盡全力好好地應付欠缺此種管理人才的領域。因爲這四種氣質的人，或多或少都具備每一種才華技巧，所以這並非無法克服的障礙。但自知本身有所不足非常重要，否則欠缺人才的領域會被忽視、專案也會因此受到傷害。如果你想更深入瞭解這方面的知識，我們建議你參考以下書目：Keirsey，1998與Kroeger，1988。

Hermann的腦部優勢主導法（HBDI®）

這是一項非常有用的工具，因爲它可用來描述專案本

身，也可用來描述個別的團隊成員或整個團隊。我們還沒發現能與它媲美、以同樣深度應用在專案管理上的工具。它是由Ned Hermann所創造發明，我們謹將此書獻給他。Ned在他於奇異公司（General Electric）擔任管理教育經理人時，發展出這套HBDI。這項工具最早使用於1970年代後期。透過120個一系列的問題，一個人的思考型態可以用一個四邊形表現出來，如圖5.19所示。

思考型態。

在大腦研究人員提出人類偏好使用左腦或右腦來思考的

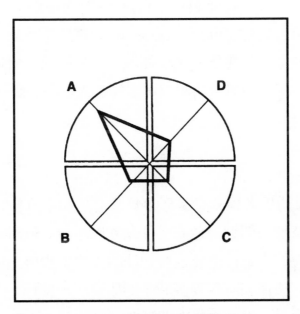

圖5.19 HBDI的四個象限思考型態

理論時，Ned也開始對思考這個主題產生興趣。偏好左腦思考的人較善於處理邏輯、分析、排列等等；而偏好右腦思考的人則較著重概念、缺乏條理。當Ned研讀這些書籍並試著用這個理論來瞭解參加訓練課程的學員時，他發現似乎還少了某些東西。

　　他最後假設大腦的另一構面影響著思考，並推測應該是在大腦的小腦和邊緣部份起作用。增添此一構面之後，他就可以將思考型態分為四個象限，如圖5.19所示。

　　僅管思考偏好到底是由腦的那些生理機能所決定，至今依然沒有明確的解答，但是經過三十年的研究，我們相信當初Hermann國際研究室的研究人員已經有效提出四種不同的思考模式。現在，每年超過一百萬人參加HBDI這個測驗，超過三十萬人的檔案儲存在Hermann的電腦中，其中幾乎包括任何一種你所能想像的工作領域和各種國籍。所以，就讓我們來看看每一個思考象限與專案經理人之間的關連。

A象限

　　A象限的思考模式可被形容為富有邏輯、分析、技術、數學、以及解決問題等色彩。（請看圖5.19）強烈偏好以這些方式思考的人會被需要這些想法的專業所吸引。這些專業橫跨技術、法律和財務等領域，例如會計、稅務、法律、工程、數學應用、以及一些中階管理職位。

　　一個專案經理人的思考如果完全偏向 A 象限，他的邏輯
性會很強，對影響專案的技術事務特別感興趣，傾向於謹慎
地分析狀況，熱衷於解決問題。如果他對其它象限的思考偏
好極弱的話（特別是 C 象限），這個人將被認為十分冷酷、
漠不關心別人，只對專案的相關問題感興趣。

B象限

B象限和A象限非常類似，但是其間存在著一些顯著的差異。用來形容B象限的字眼是富有組織、行政、保守、控制、以及規劃等色彩。很多經理人、行政官員、規劃人員、簿計員、領班和製造業者都偏好這種思考模式。一個人的思考若完全偏向B象限的話，他可能會特別關心專案的細節計劃，確保每件事都很系統化、處於控制之下。請注意，對財務感興趣的人，如果是由A象限控制其思考，他可能會成為一個財務經理人；然而若是由B象限控制其思考的話，他則可能成為一個成本會計師。

如果你想找一個非常細心的人，能夠在整篇文章中找出「i」和「t」，然後在「i」上面打點、劃掉「t」的話，思考強烈偏向這個象限的人就是你的最佳人選。單一由B象限控制思考的人通常會「見樹不見林」。

C象限

單一由A或B象限所控制的人，會將強烈偏向C象限的人視為「感情用事」。形容這個象限的字眼包括富有人際、情感、音樂、心靈、以及健談等色彩。單一由C象限所控制的人被視為非常「多愁善感」和人際導向。這類人的職業通

常是護士、社會工作者、音樂家、老師、顧問和牧師。

　　一個完全由 C 象限所控制的專案經理人，會特別關心專案中人際的部份，這可能會不利於工作的完成。這種人會負責協調團隊內外部的人事活動，是一個關係建立者。對於高度政治化的專案而言，具備這樣的思考偏好很受用，不過團隊中的其他成員必須挑起專案的其它責任。

　　事實上，你應該記得我們曾多次提到專案是由人所組

成，處理人的事務是專案管理的一部份，可是有些人卻覺得
這部份的工作讓他們感到不舒服。所以，你可以預期一個在
HBDI測試中、C象限得分很低的人，將對這部份的工作感
到十分困擾。我們對這種人的建議是，如果自己有意願，還
是可以試著去發展這方面的技巧。但是，C象限得分很低的
人要瞭解，他們不容易樂於這種工作。所以，如果他們想要
管理一個專案，必須在這部份特別下功夫。

　　我們在觀察最弱的思考型態所對應的行為表現時，發現
一個有趣的現象。Jim Lewis具有很強的D象限偏好，B象限

則最弱。這表示他喜愛發展概念、討厭細部工作。但是，如果爲了表達自己的理想而必須去做細部工作的話，他的成就動機卻十分高昂。所以，這表示爲了成功地達到目的，即使實際狀況與你的思考偏好相左，你也能夠充滿動力去做些「過度情緒化」的事。我們再舉Bob Wysocki做例子，他的A象限偏好很強，C象限則最弱。Bob擁有數學統計的博士學位，一直將自己視爲一個問題解決者。他在C象限得分很低，表示他對音樂的感受力較弱。他的太太可以證明這一點。

D象限

形容這個象限的字眼是富有藝術、整體、想像力、綜合、以及概念等色彩。單一由D象限所控制的人通常會自行創業，或從事與顧問、諮商相關的行業，可能成為業務經理人或藝術家。他們是團隊中「出主意」的人，他們喜歡綜合各方的概念，再從其中找出新的東西。

很自然地，這類型的人被認為極具創意。我們在這一章剛開始時，曾經討論到創意思考是專案的必需品。所以，你可能會得出一個結論－如果你主要用左腦思考，A或B的象限思考偏好很強，D象限卻很弱的話，你的成功機率就很小。事實並不盡然。左腦思考者要去學習概念或創意思考，其實是比觀念性思考者要去學習分析或細節思考來得容易許多。

一個單一由D象限控制思考的專案經理人，會以「整個藍圖」來做為思考架構。他們可能會有「見林不見樹」的風險。他們會做策略性的思考，所以在計劃一個專案時，D象限思考者可以發展出整個「遊戲計劃」，但仍需要B象限思考者幫忙將其轉為可付諸實行的細部計畫。

雙重、三重及四重象限概廓

　　受限於篇幅的緣故，我們在本書中無法逐一介紹每項工具的細節，所以我們也無法詳細討論各種概廓。就如你所想的，你可能擁有多樣化的思考組合。我們已經討論過各個單一象限所控制的思考模式以及它們對於專案經理人的意義。但如果你的思考偏好於兩個象限？三個？或全部四個呢？那又表示什麼意義呢？圖 5.20 指出一個例子。這個人具有雙重控制組合，但是很有趣地，圖形顯示它以對角線跨越 B 象限

和D象限。這個人是一位室內設計師,當我們問她:「你是否時常和自己對話來激發好的點子?」她承認有時候確實如此。原因是,她利用D象限思考來激發創意,然後當她試著擬出細節來將創意付諸實行時,她會開始去找出問題,再將問題解決。

從樂觀的方面來看,比起單一D象限控制的人,她比較會有欲望去實行她的設計。單一控制的人可能天馬行空、幻想各種好主意,但卻不去執行它們。

現在,想像這個人去扮演專案經理人的角色。我們可以猜想她不但善於放眼整個專案藍圖、發展專案策略,也對計

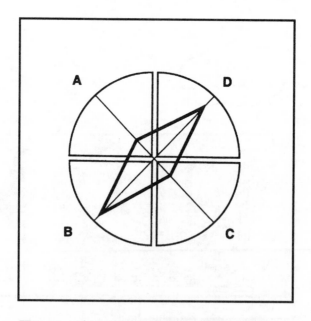

圖5.20　室內設計師的雙象限偏好概廓

劃執行細節感興趣。換句話說，她是「見樹又見林」。

HBDI分類法與Myers-Briggs的人格類型之間的關係。

　　Ned Herrmann假設大腦會以某些方式來影響個人的思考偏好，因此有人會提出一個問題－大腦是否會影響一個人的人格特性。研究發現，Myers-Briggs的思考－感覺天平和HBDI確實存在著某些關連。思考與A象限有關，感覺與C象限有關。感官－直覺天平則和其它象限有關。感官與B象限有關，直覺則與D象限有關。請看圖5.21

工作動機與HBDI。

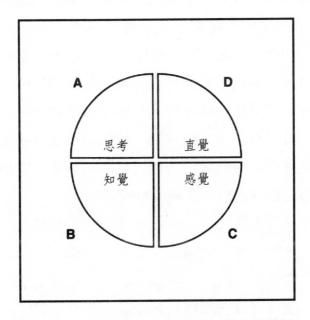

圖5.21　HBDI與Myers-Briggs的相互關係。

你所須考慮的思考面向之一是，你可能會有一個偏好最弱的思考模式（或是數個）。Jim Lewis屬於B象限思考者，平常需要投注很多心力於細節部份。他發現需要這類思考的專案非常單調沈悶。當他是一位工程師時，他討厭一些細節的工作，例如審核草圖或檢查原料清單是否正確。這些是很重要的工作，但他憎恨它們。所以，瞭解你偏好最強及最弱的思考模式為何，可以幫助你找到最適合自己的特定專案類型，或在專案不適合你時，讓你知道自己應該採取什麼行動。

最佳輪廓是否存在？

Ned Herrmann提出觀點時總是非常謹慎，他認為一個人不管具備那一種思考輪廓，幾乎都能從事大部份的工作。HBDI評量的是一個人的思考偏好，而非能力。當然，這兩者間存在著某種關連。當你對某件事有特殊偏好時，你會傾向反覆採用，經過這樣的過程，你對這件事會愈來愈熟練。所以，我們可以預期思考輪廓和技能間存在著某些關連，但那只是因為我們以某些象限來練習思考的頻率，遠高於其它象限，因此也就特別擅長某些偏好模式。

不過，Ned認為最適合做為執行長的理想輪廓應該是正方形－也就是四重控制的輪廓。理由很簡單。執行長必須應付四種不同象限型態的人，所以，如果他偏好全部四種思考型態的話，他就可以在所有相關團體中充當協調的解說員。

Herrmann機構的研究人員發現，這種輪廓大約只占3%，所以這類型的人並不多見。

　　Jim Lewis曾經遇過一個這類型的人，當然，他是一位能夠讓企業起死回生的執行長，專長是挽救瀕臨破產的醫院。跟同樣有此專長的人不同，這個人總是試著採行能夠儘可能減少最多工作的措施。C象限思考很弱而使企業起死回生的執行長常被認為只會想到盈虧，只想以最快的方式－裁員一來改善財務狀況，而不考慮減少人力所附帶的成本。很自然地，他會為自己辯解，宣稱犧牲一部份的飯碗是為了每個人長期的福祉。我們曾經要求Herrmann機構的人員為我們從資料庫中找出所有專案經理人的思考輪廓，大體來說，幾乎都呈現正方形的型態。他們擁有1250個專案經理人的思考型態輪廓，其中男性和女性大約各占一半。這些輪廓如圖5.22和5.23所示。男性稍微偏向A象限。女性則稍微偏向C象限。

　　這帶給我們一個啟示，專案經理人來自各種不同的型態和樣貌。他們幾乎平均分佈於各種輪廓，所以總體形成一個正方形。大致上，他們和一般人的分佈沒什麼兩樣。

　　就如前面所提到的，思考偏好影響的是一個人管理專案的「風格」。關於這一點，我們唯一顧慮的是C象限思考偏好極低的專案經理人。原因是，專案經理人有一個由來已久的問題－他們肩負很多責任但卻擁有極少的職權。因此，他們必須利用影響力、協商、請求和推銷的手法，來順利完成

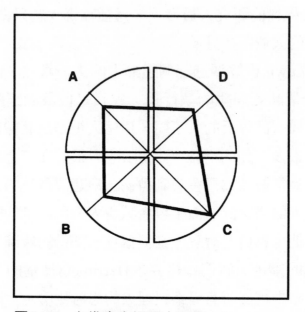

圖5.22 女性專案經理人概廓

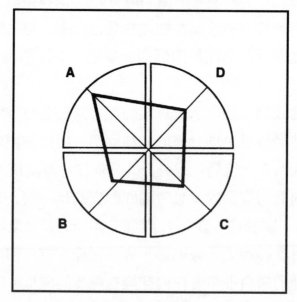

圖5.23 男性專案經理人概廓

事情。一個C象限思考偏低的專案經理人較容易說出：「我痛恨處理人的問題。」對於這類型的人，我們會建議他們再重新思考一下，是否真的想要從事專案管理。我們認為一個人在考慮是否要成為一位專案經理人時，必須注意自己在這方面是否有所不足。如果你討厭應付人的問題，那你又何必去做專案經理人，讓自己每天身陷於痛苦的泥淖中呢？

Kirton 的創新－適應輪廓

Michael J. Kirton曾經研究創意的思考過程，並提出兩個相關論點：其一是智力程序的層次，其二是解決問題的形式。層次與個人的智慧、經驗等等有關。而形式則只有一維空間，一邊為創新者，另一邊則為適應者。Kirton認為層次與形式之間存在許多令人困惑之處，因此，要幫助一個人發展創新或創意思考也能力也就變得困難重重。

適應者在遭遇問題時，傾向因循傳統的規則、實踐方法和所屬團體原有的觀念。所屬團體可能是工作團體、文化團體、專業或職業團體。他們從團體早已建立好的程序規則中，衍生出自己的想法。如果在傳統作法中找不到現成的答案，適應者會試著改寫或延伸傳統的作法，直到可以用來解決問題。所以，適應者的行為通常局限於改進現有方法，或精益求精已做好的事。這種策略在管理中占有極重要的地位，持續改良製程的擁護者－戴明（Edwards Deming）在

1980年代開始就提了出來。持續改良的缺點在於，有時候事情已經發展到無法再改進的地步，這時不應再執著於持續改良而應該將其淘汰。

創新則是某些人的行為特徵。他們在遭遇問題時，會試著重新調整、組織問題，以新的看法來面對問題。他們同時也會試著將自己從原先對問題和解答的認知想法中抽離出來。他們採用的方法可稱為「以不同的方式做事情」，而不是「將事情做得更好」。

創新者和適應者之間的關係。

因為創新者和適應者解決問題各有不同的方式，所以我們可以預料他們在團隊中容易起衝突，實際上這種案例也是屢見不鮮。適應者常將創新者視為傷人、感覺遲鈍、情感分裂的傢伙。他們總是想要改變，企圖造成混亂。創新者則認為適應者古板、缺乏冒險精神，只會依附在系統、規則和行為規範之下，即使這些對他們來說，似乎只是約束而無效率。所以，當一個極端的創新者遇上一個極端的適應者，戰火似乎總是一觸即發。

Strong Campbell **興趣量表**

Strong Campbell 興趣量表是特別設計做為職業或生涯諮商之用。這個工具可以評估你對廣泛議題的興趣，並將數據結果和其它各行業的人做比較。據推測，如果你的興趣和某

些從事特殊專業的人高度類似的話，那這項專業有可能就是呼喚你的「天職」。這項工具並不是用來測量你從事這項專業的能力程度。所以，假設你的興趣和音樂家十分類似，除非你具有音樂天份，否則你可能還是無法成功地成為一個音樂家。

動機驅使你去做什麼？

我們已有很多關於動機的理論，但它們大部份都著重於我們如何滿足需求。馬斯洛（Abraham Maslow）的需求層級理論即是一個例子，它舉出我們的需求有五個範疇：生理性、安全感、社會性、自尊、以及自我實現。所以，我們會產生一個想法，認為我們應該試著幫助員工從工作中滿足各種需求。動機會驅使他們去滿足那些需求，所以如果他們能夠經由工作來得到滿足，那我們就可以從他們身上得到最好的工作績效。很不幸地，要正確判定一個人的成就動機非常困難，所以這個模式對實務上的經理人來說，用處不大。

動機還有另一個較少受到關注的面向，與你尋求最佳生涯很有關連。動機會驅使人們去做各種型態的活動，找出這些活動，讓人們去做他們愛做的事，會使他們感到開心和滿足。

我們將這些活動型態歸類如下：

- 專家。這種人喜歡學習新事物，以及喜歡回答別人的問題來分享自己的知識。

◆ 創新者。這種人具有強烈的創新欲望，可能屬於D象
　限的思考者。他們藉由發展新的想法、新的產品以及
　新的藝術創作來維持動力。
◆ 守衛者。這種人靠守衛規則條例來取得能量。根據
　Keirsey的氣質理論，這種人的氣質型態可能屬於
　SJ，也就是B象限的思考者。
◆ 解決難題者。這類型的人將修理壞掉的東西視為一種
　挑戰。他們喜歡運用智慧來解決困難的問題。
◆ 幫手。就像名稱所暗示的一樣，這種人喜歡幫助別
　人。以氣質型態而言，他們大部份屬於NF的理想主
　義者。

　　我們再次強調，任何一種動機型態的人都可能成為一個
能幹的專案經理人，但所從事的工作會和他們的動機型態有
關。舉例來說，守衛者會要求人們依照專案計劃的字面意義
行事，不可越軌。這在某些情況下行得通，但對那些處於混
沌環境的專案而言，食古不化地遵守計劃將會導致不良的後
果。如果你的動機屬於這個類型，那你最好能夠避免接下這
類專案，否則你會使自己和團隊其他成員都感到不愉快。
　　因此，最理想的情況是找到符合自己的動機型態、能夠
讓自己發揮極致的工作。這麼做可以讓你得到最佳的生產力
和獎賞。所以，問題在於你如何找出自己的型態。

自我分析過程

在這個過程中，你必須問自己三個問題。我們建議你寫下自己的回答或用錄音帶記錄下來。這些問題如下：

1. 描述你曾經深深「陷入」的工作。你投入大量的精力，深愛這項工作，每天都迫不及待地想去做它，覺得時間過得飛快。你在這項工作中扮演什麼角

探索你的動機模式

色？你最喜歡它的地方在哪兒？如果你想向一個人推銷這份工作，你會告訴他什麼？

2. 找出一樣你確實喜歡從事的戶外活動。它可以是一項嗜好或運動，但它必須是一項活動，而不能只是為了逃避壓力而懶懶地躺在沙灘上。找出你一有時間就會常常去做的活動，這對你大有幫助。你喜歡這項活動的地方在哪兒？如果你想說服一個對這項活動感興趣的人，讓他認為這是一項有趣的活動，你會跟他說些什麼？

3. 現在，思索一下未來。大部份人的心中都存在著一些夢想，想在這輩子裡完成一些還未去做的事。這可稱為你的願望清單。假設現在你可以去做清單裡的其中一件事。那會是什麼事？你將如何著手？例如，有時候人們會說他們想去旅行。那是不是要出國呢？你想看的是建築，還是鄉村風光？或你想認識新朋友？想在某個地區留連幾天，或是在三天內連續造訪五個城市呢？

分析。

在你完成這三個問題的回答後，重新回頭探討分析，找出貫穿它們之間的共同線索。你會發現它們之間有一個相同的活動型態。如果你無法找到，你可以和別人分享這些資料，請別人來幫忙。A象限思考者會將它視為一個很好的活

尋找一份正好「適合你」的工作。

動，因為這需要分析思考。如果你依舊無法找出一個型態，請回到問題二並試著以其它的戶外活動來回答。或你也可以重新回答問題一或問題三。建議你重做問題二的原因是，戶外活動是大部份人最喜愛並投入最多精力的。事實上，我們給你最大的彈性，你可以在工作、遊戲和夢想這三個領域中，隨意運用。你可以在單一領域中，利用這三個範例來找出一個型態。

　　一旦你知道自己的動機型態，你就能更主動地找出適合自己的工作。並且你會發現你的收穫會比過去的工作更為豐

碩。

摘要

在你尋找自己的事業生涯、累積工作所需技能時，很明顯地，你必須考慮很多因素。我們希望你不會因此被壓得喘不過氣來，但如果真是這樣的話，你也許應該找個生涯諮商顧問談談，和他或她分享你所發現的資料，這樣你才有辦法理出一個頭緒。要解讀這些龐大的資料可能令人生畏，一個專業的顧問能夠幫上大忙。這是一個很大的前進步驟，你應該盡可能地謹慎小心。

chapter 6

你身處何種環境？

導論

　　如果你真的想成為一個成功的專案經理人，你必須瞭解身處的工作環境。這表示你不僅要知道它是何種環境，更重要的，你還要知道如何在這個環境中求得生存並持續發展。在這一章中，我們將告訴你任何一種我們所能想到的組織性環境。你將會瞭解每一種組織結構的優點、運作方式、及其中隱藏的困難，還會學到如何針對你所面對的環境發展出一套出奇致勝的策略。

　　現在，就讓我們來看看你大概會遇到的一般組織結構。

功能性結構（The Functional Structure）

這種組織結構是工業時代的產物。它已經部份或全部被其它更具資源效率或客戶導向的結構所取代，例如某些矩陣或混合形式的組織結構。

這類型的組織是以企業功能來區分責任範圍（請看圖6.1）。每個部門是依照本身的企業功能而成立，部門員工包括經理人、專業人員以及行政人員，他們的商業技巧局限於單位的企業功能。專案在這一類組織中的能見度很低。一個

你必須瞭解
自己的工作
環境

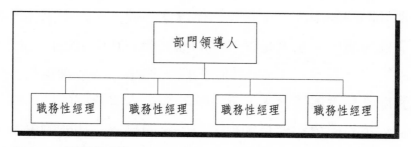

圖6.1　職務性組織

專案會在每個功能領域中會辦，會到哪個部門就由哪個部門
派人處理所屬業務。結果，沒有任何一個人瞭解整個專案，
而且整個專案的完成過程曠日費時。功能部門所屬的員工只
瞭解他們自己在專案中的份內工作，但對於超出其業務的部
份則一無所知。這種專案的失敗風險很高。從樂觀的方面來
看，這種功能性結構可以有效率地使用資源。這種組織通常
善於生產物品和提供服務，但是一般來說不善於解決企業的
整體性問題。只由單一部門負責的專案、或是可以分解為幾
個較小案子的專案可以在這種結構內執行，因為它們幾乎不
需要整合或跨部門合作。

這對專案經理人的發展來說，代表什麼意義呢？

　　目前仍有許多公司大致上以功能線做為結構的主軸，這
一類組織對專案經理人的事業生涯發展有所影響，所以值得

我們花點時間來評估。做為一個專案經理人，你會困在所屬之功能領域內。也就是說，你的發展機會將僅限於由部門功能所衍生之專案。處於入門階段時，你是一個小隊隊長，眼前到處都是發展機會。但當你開始發展專案管理的技巧時，精益求精的機會和成長卻越來越少。僅具單一功能的專案，深度和複雜度都十分有限。

矩陣結構（The Matrix Structure）

這類型的組織依循兩條主軸來劃分職責：一是企業功能，一是專案計劃。你可能會提出第一個問題：「其中是不是存在著政治與權力的角力空間？」而你的第二個問題可能是：「我是不是會受困於中間階層？」這兩個問題的答案都是：「不一定。」不管如何，這個回答還是透露出一個好消息。

一般而言，矩陣結構中通常會設置專業人員，他們必須向所屬功能性單位報告（通常是某個功能性部門或次部門）。專案經理人由功能性單位中選取自己的團隊成員。個別的專業人員通常會在同一時間中支援數個專案。專案經理人對於團隊成員並不具上對下的管轄權力，但他們卻必須負責整合這些成員來完成專案的工作。換個方式來講可能會容易一些，就是某個成員由所屬部門經理人管轄，但專案經理人卻得負責管理這個成員的工作任務。這種特殊的人員－任

務管理關係，使得專案經理人必須具備的領導統御技巧，遠比人員管理技巧來得重要。

矩陣結構中存在著三種不同的型態。每一種都帶來不同的挑戰，每一種也都提供專案經理人或團隊成員發展技能的機會。很重要的，你要明白矩陣結構並不一定非得整個企業全面實施。事實上，它的用處取決於專案對組織的重要性或專案相對於企業功能的重要性。我們現在就來探討每種矩陣型態。

鬆散矩陣（*The Weak Matrix*）

圖6.2顯示鬆散矩陣的結構。請注意，這種型態是由企

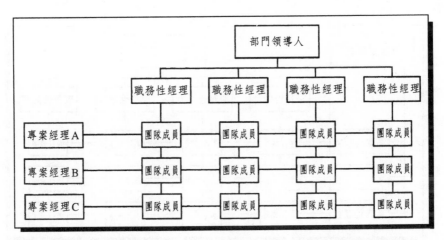

圖6.2　鬆散矩陣組織

業功能所主導。也就是說,由功能性經理人來決定優先順序
和專案的資源分配。在鬆散矩陣中,專案對組織而言並不是
那麼必須而重要,因為專案的人員配置是由功能性部門來主
導。雖然鬆散矩陣比功能性結構提供更多的發展機會,但是
牢固矩陣和平衡矩陣結構能提供品質更好的機會。

牢固矩陣(*The Strong Matrix*)

圖6.3顯示牢固矩陣的結構。請注意,這種型態由專案
經理人所主導,也就是說,由資深主管或承擔專案組合管理
權責的管理團隊來決定優先順序。功能性經理人另有兩種不
同的職責:發展與部署。

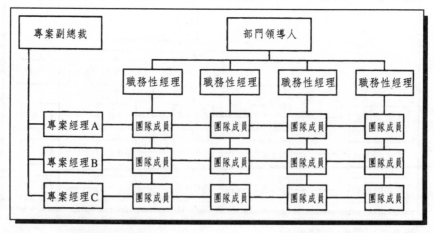

圖6.3 牢固矩陣組織

功能性經理人的發展職責

他們的發展職責在於瞭解目前和未來的專案在技能方面對專案經理人和團隊成員的要求。為了達到這個目的，他們必須能夠正確地確認其訓練需求和執行課程。並不是所有的訓練都要求參加者必須到外面接受訓練。在很多案例裡，他們會將專案當成在職訓練課程。

功能性經理人的部署職責

功能性經理人的部署職責要求他們必須瞭解專案的技能要求，並依照專案的時間進程安排部署適當的人員。這可區分為兩個階段。在專案計劃階段，他們要確定能在特定時間內達到特定的技能要求。比方說，他們要能保證從七月一日到八月三十一日中，每個禮拜提供10個小時的資料庫分析技能支援。此時還不需要明確指定由某個人或某些人來達成這個要求。再來進入第二個階段。當越來越逼近實際執行的時間表時，功能性經理人將決定由誰來支援這個專案。他必須與專案經理人一起協商再做決定。

平衡矩陣（*The Balanced Matrix*）

圖6.4顯示平衡矩陣的結構。在這類型的矩陣中，專案經理人和功能性經理人擁有相等的權力領地。因為誰都沒有主導權，所以這種結構會提供專案經理人和功能性經理人一個協商的機制。正因為如此，這種結構比鬆散或牢固矩陣，來得更為政治化。

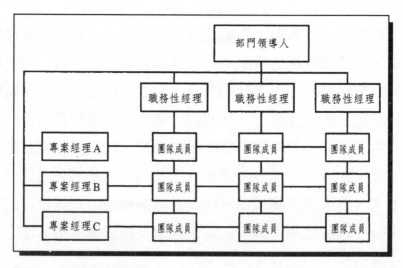

圖6.4　平衡矩陣組織

如何處理同時身爲功能性經理人和
專案經理人這兩種身份？

當一位功能性經理人必須負責一個所屬部門的專案時，會產生一個特別難以處理的情況。在這種情形下，身爲專案經理人有一個極大的好處：你同時身爲團隊成員的專案經理人和直屬管轄經理人。也就是說，你擁有專案所指派的人力資源。聽起來很不錯，不是嗎？但是，等一下，陷阱就在前

職務性經理依照
技能、時間表來
部署人員

頭。簡單來說，你應該如何分配旗下的人員？那些人該指派到你的專案，那些人則指派到專案以外的職務區域呢？那些專案該優先處理？你要將擁有最佳技能的員工指派到哪些專案呢？因為你是專案經理人，所以你會希望你的專案由最好的人員來負責。可是，如果你真的採取這樣的策略，其他的專案經理人則會指控你缺乏團隊精神。完全相反的策略也同樣行不通。若你將旗下最好的人員指派給其它專案，你自己的專案就會承受失敗的風險。唯一能夠解決這個困境的辦法，就是向別的地方求助，請他們幫忙建立各個專案的優先順序，或是詳細區分各個執行活動的重要性。

這對專案經理人的發展有什麼意義？

在你追求未來專案管理技巧和生涯發展的路上，矩陣結構可以為你帶來許多好處。第一，矩陣可以更有效地評估技能和發展需求。你從專案經理人或資深主管身上所得到的回饋，可以幫助你評估自己的表現，點出未來發展的不足之處。第二，當你一邊工作一邊追求發展時，你可以從各類專案中挑選自己想要的。第三，當你不斷獲得適當的技巧時，你就可以由較簡單的專案進階到較複雜的專案。

專案結構（Tje Project Structure）

圖6.5顯示專案的結構。這種型態幾乎專用於與政府機構有關的專案，以及一些長期的商業合資活動。這裡的專案團隊與專案經理人之間存在著直線關係。他們全職負責一個專案。當手上的專案完成或取消時，他們會被重新指派到其它專案。

雖然這種結構對於實際的專案管理執行有益，但卻對特殊的技巧發展沒多大幫助，而且找不出明顯的昇遷管道。做為一個團隊成員，你會受制於專案的範圍界限，而且別人只

身為一個團隊成員，你將受制於專案的範圍限制。

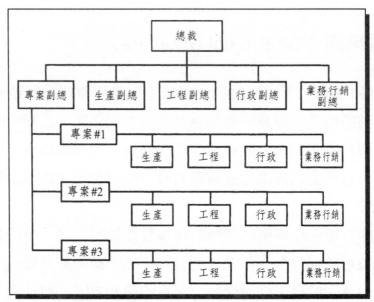

圖6.5　組織的專案形式

期望你貢獻現有的專業技巧給這個專案。你只因為自身具備的技能，而被選為團隊的一員。

這對專案經理人的發展來說，代表什麼意義？

看你會以為這是全世界最好的結構，但實際上並非如此。與矩陣結構不同，你在同一時間內只會被指派負責一個專案。你被指派任務主要是基於現有的技術性技能，而較不需要未來的發展。當你達到資深專案經理人的階段時，你可

以開始尋求那種WOW專案的任務，以及高於專案經理人階段的專業成長，朝向決策經理人或首席管理、顧問的道路邁進。

自我導航的團隊結構

圖6.6顯示自我導航的團隊結構。這種結構大多屬於固定常態性質，責任範圍則通常是一項企業程序或職務。對你來說，他們主要的發展價值在於擁有自我控制的主權。也就是他們必須自己具備所需的技能來達到目標。如果本身不具

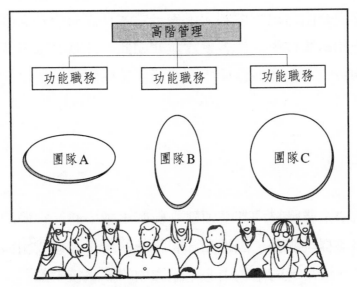

圖6.6　自我導航組織

備這些技能的話，他們就必須召募擁有這些技能的新成員，或是由現有的團隊成員中挑出一個或數個人來發展這些技能。如果你隸屬於這樣的團隊，你就有機會去發展團隊所認定的必備技能。在機會普遍缺乏的情況下，自我導航團隊確實能夠提供較好的發展機會。

這對專案經理人的發展來說，代表什麼意義？

專案形式與自我導航或特別小組的結構間，存在許多相似之處。自我導航團隊通常屬於固定的編制。果真如此，你的發展機會將受限於團隊的責任範圍。這種限制與你在功能性組織中所受到的限制很類似。自我導航團隊不同的方面在於：它完全由自己來控制。這表示它本身擁有成功必備的所有技巧和專業技術。倘若事實並非如此，它就必須自行發展欠缺的技能。你能在這兒找到功能性結構所無法提供的發展機會。

卓越中心

每項企業職務內都必須建立數個卓越中心。它們的用途是為組織提供服務，訓練和部署勝任的員工來達成組織的特殊需求。最常見的卓越中心是組織內的資訊技術部門。特定的硬體與/或軟體環境可用來界定卓越中心的範圍。每個中

心都會配置一些專題的專家，這些人可以做爲團隊成員或專
案團隊的顧問。

生涯發展與組織結構

　　現在我們已經定義並討論過幾種你較容易碰上的組織型
態。爲了使你能夠在每種環境中獲得專業性的成長，我們爲
你想出一些能夠派上用場的策略與戰術。一開始，我們先從
60,000英呎的高空來俯瞰一個組織結構的模式，並看看專案
管理在這個模式中的演進過程。圖6.7所表現的意義爲，一
個持續進行的組織，由一開始的功能性結構逐漸演進爲鬆
散、牢固矩陣，直到最後的完全專案形式。專案管理在這個
連續的過程集合中，原本並不存在但卻逐漸演變爲主導者。
這個圖形能爲那些已經或希望成爲專案經理人的人，測量此
種結構所能提供的發展機會之程度。你可以依照自己的工作
環境來勾畫自己的機會藍圖。每種結構都能提供專業發展的
機會，但其中有些結構所能提供的機會確實多於其它結構。

這和你的職涯有何關係？

　　你可能已經注意到工作場合屬於哪一種組織結構類型，
對你的職涯發展成效，不是有所幫助，就是造成阻礙。如果
是前者，你會得到組織、你的上司以及一起共事的專案經理

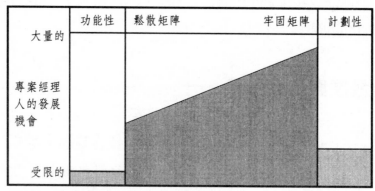

圖6.7　組織結構中的發展機會

人的相互支持，而可以在職場生涯上往前邁進。如果是後者的話，為了使你的職涯能夠往前推進，你就必須反求諸己，運用自己的創造力與進取心來訂定計劃。屆時，你可能會發現阻礙猶如排山倒海而來，讓身為專案經理人的你束手無策。然後，你必須做個抉擇。到底是手邊的工作重要，還是職涯發展比較重要。如果是職涯發展比較重要，那就勇往直前吧！

　　很幸運地，矩陣型結構會是你最常遇到的結構，而它提供了專業發展的絕佳機會。請仔細來瞧瞧我們真正要表達的意思是什麼。

　　在鬆散矩陣結構中，功能性經理人對於自己所支持的專案，擁有指派部屬工作任務的控制權。你的策略就是確保你的經理人知道你的職涯目標、或讓他更具體地瞭解你的短程

技能發展需求。

　　在牢固矩陣結構案例中，情況則大為不同，不過是屬於較正面性的。你的功能性經理人將負責發展與佈局、幫你安排適當的任務，但在牢固矩陣結構裏，還存在另一個契機：專案本身。這意謂你可以並且應該去找尋那種能夠提供你發展需求機會的專案。換句話說，在鬆散矩陣結構裏，你主要屬於被動模式（你的經理人發號施令），而在牢固矩陣結構裏，你可以自己添加主動模式（你可以跨出去並試著加入適當的專案）。這只包含了 Tom Peters 所寫有關 WOW 專案的一小部份。我們極力推薦你去閱讀他所敘述的內容。

　　根據 Peters 的說法，WOW 專案是「增加價值的專案、

事關緊要的專案、可以有所不同的專案、可以留傳給後人的專案－而且，是的，可以讓你成為明星的專案。」Peters 提出了一些可以幫助你正確思考專案的規則。

它們是：

1. 專案是使無力者重新獲得力量的方法。
2. 專案是公司發掘未來的方法。
3. 專案永遠不該令人生厭。
4. 專案經理人應該要像總經理人一樣召募人才，並如風險資本家一樣進行投資。

讓我們逐一檢閱這些規則，並且將焦點鎖定在與你職涯發展相關的事項上。

1. **專案是使無力者重新獲得力量的方法。** 沒有什麼比成功本身更容易造就成功的。如果你在任何事情上有過成功的經驗，你勢必還記得當時所感受到的興奮之情，但是你會記得之後又出現能夠造就更大成功的機會嗎？或許不會，因為你仍陶醉在自己的勝利氣氛中。如果你稍做留意，你就可以利用這次成功的經驗來培育下一次成功的機會。藉此可以讓你繼續往前推進。你所應該做的，就是集中注意力去分辨並把握這些機會。
2. **專案是公司用來發現未來的方法。** 不管你目前專案

的結果如何，學習將會啟動。不僅公司會發現它自己的未來，你也同樣可以。你必須將專案想像成職涯途徑上的踏腳石。有些會按照計劃幫助你向前，而有些則會讓你停下腳步，重新思考該如何進行下一個步驟。不要錯過在專案中吸取優點的機會。

3. 專案永遠不該令人生厭。不管專案是多麼的平淡無奇，試著不繼從中找尋那些未經琢磨的鑽石。有些價值是以教訓的方式出現，使你在從事專案工作時，會想將它帶在身上；而有些則以行為方式出現，是你將來會想辦法去避免的。當你犯了錯而且其結果導致你調整未來的行為時，所謂的真正學習才會發生。

4. 專案經理人應該要像總經理人一樣召募人才，並如風險資本家一樣進行投資。身為一個專案經理人，你期望營造任何可能成功的機會。這意謂你必須雇用適當的人才並指派合適的工作給他。針對你的弱點來招募新成員，並將其轉化為改正這些弱點的契機。多年前，Bob Wysocki，身為公司資訊部門的領導人，從公司總裁Ed身上學到了有關承諾的一門重要課題。Ed說：「Bob，花費部門預算時，要當成是在花自己的錢。」如果你也以同樣的方式思考，那麼你就已到達做出某種承諾的正確水準了。

如何產生WOW專案？

　　WOW專案肯定會在你的未來中扮演關鍵的角色，所以你或許會問該如何產生它們。Peters提出四個步驟。

步驟一：進行「這件事很重要嗎？」的測試。

　　執行那些無法對組織產生價值的專案，是不可能使你在職涯上有所進展的。就像Peters所說，是無法使結果有所不同的。原因何在？無關緊要的專案會隨著職涯的起伏而有所改變。但事關緊要的專案則會在資深管理階層中具有一定程度的持久力量－換句話說，它們較不會被取消，因此你比較有機會學習，並且可以藉由管理它們來獲得成功。

步驟二：即使再平凡的專案都能成為WOW專案。

　　Peters 在這裏所指的是創意。尋找每一個隱藏於專案中的契機。例如，你或許會想藉著開拓或改變專案的方向，來納入那些你可以吸取價值的事物。如果你可以在新的領域中推銷這套管理價值，或者至少在你擁有工作優勢的現有領域中創造新的機會，那麼你已找到將一般專案轉變成WOW專案的竅門。

步驟三：對真正為專案而活的人來說，每一件事都是學習的好機會。

　　我們可以用 Bob Wysocki 的例子來當成這個步驟的極佳範例。這個課題來自他的上司，Ed，公司總裁－就是剛剛在本章提及的那位。每當 Bob 與 Ed 討論問題時，Bob 總是提出兩至三個解決問題的替代方案，並附帶每個方案的優、缺點。而 Ed 幾乎是毫無例外地全部予以拒絕並說明如下：「Bob，你並沒有考慮所有的可能性。如果你將第一與第二個方案結合在一起，會有什麼結果呢？回去思索一下，有什麼更好的想法再來找我。」而結果證明，這些只不過是當 Ed 不想馬上處理這個問題時，用來做為拖延的策略。Bob 也知道這點，但無論如何，他從這個經驗中學到深具價值的一課。這個課題就是質問自己，是否真的已考慮過所有可行的方案。或許結合其中的兩個方案，你會得到更好的第三個方案。

步驟四：運用超快趨近法來精煉你的 WOW 專案。

　　這裏所提供的竅門，是盡快地獲得結果。如果你花費數個月或數年來執行一些不見天日的專案的話，你將無法向組織證明這個專案的價值何在。盡快將事情搬出枱面，才能早點開始回收成果，並利用這些早期的成果來作籌碼，使專案最終能夠產生 WOW 專案的結果。由於風險相當高，所以為期較長的專案通常不會有什麼結果，理由是企業處境瞬息萬變，為期較長的專案常會在變動的混沌中逐一夭折。

負責一點，花費部門預算時，要當成是在花自己的錢。

摘要

　　我們已經和你分享了我們的智慧與經驗，不管是關於組織結構或它們如何提供協助或造成阻礙等方面。無論你所屬組織的類型為何，你現在已經知道該去尋求哪些東西。每種結構會呈現不同的機會－你所需要做的，就只是將它們找出來並加以執行。在下一個章節裏，我們已為你備妥了盛宴。我們的夥伴，Doug DeCarlo，一位公認的組織現況解讀執行

專家，他自述爲「在叢林中求生存」。Doug 很客氣地接受我
們的邀請來撰寫第七章。我們眞的很高興他能這麼做。

這是一個荒野叢林

在今日專案幾近氾濫的組織中，如何求生存並繼續成長。

DOUG DECARLO[*]

專案的確頗爲棘手。沈重的壓力常會令人喘不過氣來。
當我們步出辦公室時，壓力仍悄悄地在夜裏伴隨我們一起回
家，就像住在我們頭腦裡、免付房租的不速之客一般。

---

[*]本章是 Doug 在商業世界求生 32 年的經驗結晶。在過去七年裏，他與超過 150 個專
案團隊一起合作，從大陸的北京到賓州的伯利恆。在那段時間裏，身為 ICS 集團的
資深管理顧問，Doug 與專案經理、專案贊助者、資深管理者一起置身於戰壕裏，
其身份是老師、顧問、教練、各類專案的督促者，任務包括資訊科技、電子商務、
研究與開發、製程再造工程、持續改善、創造營收、新產品的引進，預算規模從二
萬五千美金到二千五百萬美金。
　　Doug 也是 Doug DeCarlo 集團的創始人，此集團研發了一些在傳統專案管理法
則無法派上用場時，仍可在專案環境中執行的新方法。此集團提供服務給想要在職
涯績效與整體生活品質上，真正追求卓越的專案經理、贊助人以及團隊。

　　在瞬息萬變、錯綜複雜與要求嚴苛的專案環境中工作，許多專案經理人感覺生活品質愈趨低落，不管是工作、或居家生活。

　　雖然有關專案管理的課程，其指導範疇不會超出辦公室大門，但我們所負責的實際專案卻往往並非如此。專案管理專業著重的是不斷地擴充專案知識範圍。而為達此目標，必須藉由找出最佳執行方式、發展新的方法以及創造有助於我們完成手邊專案的新軟體工具。

　　在此同時，加諸於專案經理人身上的種種要求使他們正處於精神崩潰邊緣。在我們所知道的一些專案中，許多專案經理人心中懷有一種難以形容的希望－如果能夠將工具與相關技巧正確地組合在一起，我將可以掌控自己的專案並使生活恢復正軌。

　　然而，事為願違。此刻我們正在自掘壕溝，不知不覺地落入這樣的陷阱：幻想著只要將行不通的專案多試幾次，最後一定可以水到渠成。

　　但是，你該如何從壕溝中脫困呢？首先就是停止繼續挖掘的行動。認清楚我們真正必須面對的最重要專案，其實是每天清晨鏡子前那個用滿懷希望的眼神凝視我們的傢伙。

　　把聚光燈投射在我們自己身上，將自己視為舞台上最重要的主角，重新出發。想要獲得真正的效率，在改造專案之前，必須先重新改頭換面。我們必須認清高品質的生活並非終點。它是我們要出發的起點，而不是我們所要到達的終

點。它是我們躍進叢林時應保持的心態，是我們所作的選擇，並且無須附帶任何先決條件。

我們稍後會將本章的主要目標逐漸擴展到整本書中，將如何在工作中與下班後，享受高品質生活的重要基本結構單元，予以適當的定位。

「叢林」裡的三個洞見與十項課題，形成了本章的核心，並且提供我們一個發展自我控制與專案控制能力的樣板。這三個洞見屬於中心思想準則，它是求勝必備的基本心態。相對地，這十項課題則可視爲方法，提供人們一些改善生活品質的可行途徑。每個課題的應用先著重於個人層面，然後才慢慢地拓展到專案層面。

你目前看到的還不算什麼！

時序跨入二十一世紀，專案經理人與團隊領導人所面臨的要求甚至益發嚴峻。他們必須作更多的事情，以更少的資源、更快的速度來完成任務。持續加速的競爭力、瞬息萬變的科技以及新電子商務經濟中所要求的速度與創新，在在都使專案經理人與團隊領導人承受執行任務的壓力只增不減。這些挑戰又會因爲全球化所引發的快節奏及複雜度而產生加成效果。此外，當專案團隊日趨分散、多元時，要管理好專案中極爲重要的人事、「軟性面」，也變得日益艱困。

專案氾濫的組織

在這混沌嚴苛的專案世界中,實際的情況是－我們的組織也許無法提供一個能使我們的專案生活如預望般容易的環境。事實上,在一個「對於專案不友善」的組織環境中工作,在今日早已不是什麼新鮮事。人們在其中努力工作,但似乎只是建立起一系列糟糕而又難以根除的工作模式。以下是一些例子:

◆ 優先順序

「速食專案」(Project du jour)變成一種慣例,沒有一套令人可以接受的專案選擇準則。

◆ 溝通

實施「磨菇式管理」(Mushroom management),對於會影響交辦事情的範圍與品質的議題,團隊成員被蒙在鼓裏;這會導致事情必須重頭來過並招致民怨。

◆ 團隊的穩定性

人員流動性極大的團體、組織。團隊成員總是變來變去,就如同他們隨時被指派到新的專案一樣。

◆ 角色

由誰掌管決策大權的狀況曖昧不清時,儘管專案領導人試著穩住大局,但是專案發起人(sponsor)與功能

壓力是在執
行面。

性經理卻會彼此角力、企圖把專案拉往不同的方向。

◆ 專案管理

缺乏一致性與共通的方法。對專案具影響力的人,在
擴大工作的範圍時,卻往往給予更少的資源以及要求
更短的時間。

◆ 獎勵系統

你只想著保住飯碗。

以上這些假設的組織特性,在現實中屢見不鮮。它常會
爲企業與個人帶來影響:

◆ 專案失敗的風險絕大部份來自於組織因素

◆對專案經理人的福祉與生活品質有較大的剝奪

我們的英雄：方法與科技？

在這個充滿刺激而又艱鉅的時刻，掌握自己穿越專案叢林的道路，是一項不折不扣的挑戰。這項任務之所以別具挑戰，是因爲我們一直被誤導，而不斷在錯誤的地點尋找答案。

現今駕馭專案叢林的普遍對策，是積極引進新的專案管理方法，以及支援它們的科技。我們看到一些關於如何讓我們渡過叢林的最新建言，包括團體工具、小組工具以及專案管理軟體，但卻發現這些不是我們想要的萬靈丹。熟悉這些專案管理的科技與方法，或許會使專案經理人的探險變得容易一點，但並不保證能夠提供安全的途徑。我們發現在「科技、流程、人」這個方程式中，人這一項變數就好像一個演出特別精彩而老是被掌聲打斷的表演者，總是被人所遺漏。此外，當我們發覺方法與科技並無法用來掌控狀況時，我們通常傾向於加快腳步。我們會在桌上擺個座右銘：「如果行不通的話，我們就再多試幾次。」然而，一再去做這些行不通的方案，卻可能會使情況雪上加霜。

因此，我們該怎麼辦？什麼是我們的目標？該如何開始？

在任務結束後，即使專案的戰果輝煌，但自己在個人、家庭與工作上都感到情緒崩潰的話，那我們到底得到了什麼？我們應該回到原點捫心自問，我們真正想要的是什麼？成功的專案？這就是我們活著的目的嗎？一旦回到原點，大部份人的底線都是享受滿意的生活品質，不論是工作生活，或是個人生活。但我們要如何達到這個目標呢？我們是否要一直等待，直到組織從專案氾濫的情況中解脫出來呢？

我們要駕馭的，不是叢林，而是我們自己本身。

　　一個根本且古老的見解－我們可以將它轉譯成叢林術語，不斷向我們吶喊：「我們要改變的不是叢林，而是自己本身。」

　　我們該如何應對接下來的情況？

　　新千禧年所面臨的迫切危機與挑戰會使專業技能回歸原點，促使我們移轉精力去專注那些自我能力能夠改變的事情。事實上，我們並無法改變競爭的現實、全球化的進程，或是日趨複雜的專案。那我們可以改變的是什麼呢？借用 Stephen Covey 在《極度成功人士的七個習慣》（*The 7 Habits of Highly Successful People*）一書中的觀念，我們應該從清楚瞭解自己關心的範圍與影響的範圍之間的差異開始出發，並將我們的精力專注於後者。

　　那些你很少關心的事即屬於與自己無關痛癢的領域。舉例如下：

- 厄瓜多爾的政治
- 高爾夫球
- 歐普瑞芙（美國著名脫口秀的主持人）

　　那些你很有興趣、但卻很難或根本無力改變的事即屬於自己關心的範圍。舉例如下：

- 股票市場
- 天氣

- ◆ 自己所處的組織中，存在對專案不友善的文化
- ◆ 競爭者目前正在做的事
- ◆ 科技的變化
- ◆ 孩子們的生活

　　專案團隊領導人與其團隊成員常常會落入「叢林」的陷阱，對那些影響力範圍之外的事感到沮喪而且念念不忘。當團隊開始以這種方式執行任務時，便已經逐漸放棄自己可以成就事情的本領。原因何在？因為除了期待一些團隊之外的

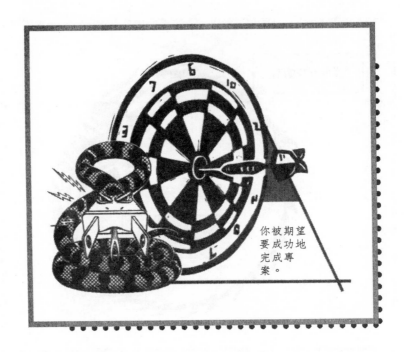

你被期望要成功地完成專案。

事情發生改變,否則團隊自認沒有能力(事實上只是能力稍差)去完成工作。

團隊的活力會開始移轉到少做少錯或根本不做。此外,我們所專注的事情會持續擴散(例如一些負面的事),直到變成纏繞專案的主宰力量。一旦團隊採取這種被動的方式,很快地失敗主義會被當成慣常的思維-而這會轉而成為一種變相的自我實現,大家互相指責並無止盡地咒罵這個失效的管理方式。

我把這個稱為無能的回應,它與負責盡職(即能幹的回應)恰好相反。然而,在工作結束之際,不論我們把組織想

像的多麼不友善，團隊仍舊希望能圓滿地完成這個專案。

其中的關鍵在於，不要對於自己可以影響的領域、或是可以直接造成衝擊的領域視而不見。舉例如下：

- 你的健康
- 你的銀行帳戶
- 你與朋友及家人的關係
- 個人的壓力

◆ 得到團隊成員彼此間的承諾與信任
◆ 你如何反應無法控制的事
◆ 降低專案的某些特定風險

拓展個人的影響力範圍是我們的目標

　　成功的團隊領導人會持續集結團隊的精力於擅長的地方（而非不擅長的地方）。這才是主動積極的作法，此舉可以擴展團隊的影響力範圍、趕走負面性（被動）的能量、提昇成功的可能性。在這類型的專案世界中，團隊領導人最重要的工作，是將自己視為活力四射的經理人，積極去除這些阻礙團隊前進的障礙。

　　我們節錄以下的平靜禱文來做個總結：

神啊！請賜予我們恩典，以平靜的心情去接納那些我們無法改變的事、給我們勇氣去改變應該改變的事、讓我們運用智慧去明辨其中的差異。
好好地珍惜每一天，
享受每一秒的時光，
接受困苦是通往平靜的道路，
承擔耶穌基督所承受的，
世界依舊罪孽深重，
不該屬於我所擁有，

相信你將使每一件事情合乎真理
若是我聽命於你的旨意，
我這一生或許可以非常喜樂，
並能夠與你在永生中幸福至極，
阿門。

Reinhold Niebuhr（1892-1971）

　　拓展個人的影響力範圍，意指去掌握專案管理的核心活動。叢林中的三個洞見與十項課題，即為執行此等任務的工具。這些工具將重點擺在專案經理人和其團隊所應採納的習慣、態度及內在特質，它們能夠幫助專案經理人在專案叢林中蓬勃發展，避開專案本身與個人的流砂。

叢林中的三個洞見與十項課題

　　這三個洞見與十項課題所提供的樣板，不僅可作為求生之用，更可用來自我成長。它們可以讓團隊領導人及其團隊，以清楚而快速的步伐向前邁進，不必去理會外在的環境。

　　這三個洞見是涵攝性、指導性的準則。它們可作為精神的典範，或一套用來樂觀看世界的鏡頭（若不以哲學的角度來看）。這些洞見為這十個課題提供了一個大家都能遵循的脈絡。如果說洞見是橡膠與天空的交會之處，那麼這十項課

題則是橡膠與道路相接的地方。它們是策略，提供具體、可行的技巧與方法來改善生活品質，不僅可應用於個人層面，同時也適用於專案層面。

　　成功的專案經理人與團隊領導者，為求達到自我控制會痛下一番工夫，而這正是有效的領導統御的基本要件。

第一個洞見：成功是一項抉擇

　　由於專案的複雜性與相關的高風險因素，團隊領導人很容易感到不知所措與無能為力，看不到穿越叢林的明顯路徑。於是常會輕易地相信宿命論或採取逃避的心態，譬如：「我將可以快樂安然地渡過這個困境」。

　　Jim McGrane曾在我的旗下工作，他是一名精力充沛、非常優秀的廣告業務經理。他在外頭奔波了一個星期，於禮拜五走進我的辦公室。他和我談論有關遊說電腦公司購買我們即將出版的雜誌廣告版面之事。儘管他和同仁竭盡所能，卻仍舊困難重重。

　　Jim 說：「推銷這份雜誌的廣告，就像拿你的頭去撞牆。停止行動會讓你覺得愉快萬分，要是現在就可以停止那該多好。」Jim 已陷入叢林的陷阱中，他相信唯一能做的事就只有降低痛苦。當這種心態變成我們看待世界與生活的慣有方式時，它也變成我們內在電腦系統的預設值。這種消極匱乏的心態將會漫延全身，導至我們對生命的期望降低，並

由於專案的複雜性，團隊領導人會感到壓力重重。

產生「我只要儘量減少失敗」的悲觀哲學。Stephen Covey 與他所畫的圓圈提醒我們，這種悲觀哲學會一步步地蔓延。如果我們的心態只專注於如何減少錯誤，我們將日復一日地背負這些負面的動機－也就是說，只著重於避免不好的事件發生。這絕不是啓發人生的健康處方。

當團隊開始感到心驚膽跳或是失去半壁江山時，專案失敗的風險會大幅昇高。

成功思維是一種心態，而非預期達到的目的。它是一個起始點，是個向前出發的地方，是坦率面對生活與專案的想

法。它是內在的認知：不管這個專案的結果如何，我是富足的，而且這是我應得的，就算這個專案失敗了也是一樣。

換個說法，它就像我們內部電腦中的另一個預設值。它是個選擇的按鍵。我們要不按下「富足心態」，要不就是按下「匱乏心態」。從中揀選一個，然後放手一搏吧！

我們需要借助外在的力量來敲下按鍵，而這也是十項課題所能發揮所長之處。

第一課：發掘人生的目的。

Nathaniel Branden 一名專攻自尊心理的著名心理學家，指出我們每個人都有必須實踐的偉大的任務。所謂的偉大任務，就是我們每個人都想對世界做出特有的貢獻、服務這個世界。這種想要有所不同的內在慾望，以及對自我特殊天份的發現探索，是如何活出具啓發性與有意義人生的基礎。

當一個人為了目標而活著時，他每一天都心懷重心、忙著自我實踐、感覺自己在每天的互動中，為了有所不同而生活著。當人生的目標飄渺茫然時，我們容易落入張惶失措、挫折、殘缺與枯竭的泥淖。

**我的目的是與個人和團隊，以一種能夠達成
非凡成就的方式共同合作。**

人的生存目的在於自己所選擇的路徑，而不是預期達成

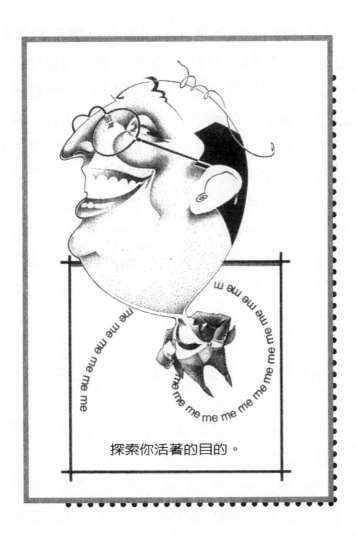

探索你活著的目的。

的終點或目標。人們總是將目的與目標搞混了。

目標扮演著關鍵性的角色。它們是人生道路上實踐目的的里程碑。

只以目標做為導向而無生命潛在目的的人，會傾向於只

有達成目標才能感到滿足（例如擁有一輛新的保時捷汽車）。但是這種滿足的感覺相當短暫，剩下的往往只是空虛的感受。這種快感很容易消散，就像嚼口香糖一樣，甜味不會持續太久。缺乏潛在目的、一味堅持目標導向，會導至他們採取爭鬥的行為，他們會選擇更具侵略性的目標，希望最終可以體驗到永恆的成就感。但結果卻是，他們永遠在掙扎，永遠無法從這些設定的目標達到自我實現。

一旦我們發現自己的目的，為了予以實現，挑選合適的工具是相當重要的－這裡指的是你的工作。舉例來說，如果你的人生目的是為了替沙漠中的居民帶來解渴的飲水，那你絕不會用篩子來運送水。

在專案管理、團隊領導統御、個人自我控制的領域中，我通常運用教學、諮詢、訓練、協助與公開演說來做為我實現目的的工具。

有一件最值得你去做的事，可能也是最重要的事就是去探索自己活著的目的。

有一種發現自我生命目的的方法，是撥出一些時間來獨處，反省過去生命中的種種經驗，在你完成某件事或使事情結果有所不同時，哪些是真正感覺不錯的。尋找共通的交集。在你開始省察這些模式時，先試著填寫以下的句子：

「我活著的目的是什麼：

_____

對專案團隊而言

　　許多專案團隊會因為缺乏清楚的目的而跌跌撞撞好幾個月。因此，團隊能否在一開始就達成共識就顯得份外重要，特別是對於正在做的事情之看法，並將其以任務宣言的形式表達出來。

　　ICP集團是一家專案管理公司，他們所推薦的任務宣言型式是由兩個句子所構成。第一個句子可以用來回答下列三個問題：

- ◆ 我們是誰？
- ◆ 我們期望專案能達成什麼結果？
- ◆ 這個專案到底是為誰而做；換言之，誰是專案的顧客？

　　第二個句子可以回答以下的問題：我們為什麼正在進行這個專案？這可做為商業論點或專案存在理由之總結。第一個專案經理人是Noah（譯注：聖經裡諾亞方舟的故事），他受命去領導第一個關於確定尺寸的專案。運用二個句子的架構，諾亞與其團隊可能會提出以下的任務宣言：

　　Noah與家人將為這些被選定的動物，建構一條方舟。
　　這呼應著發起人的目標，即以一個全新的團隊開始出

發。

第二課：創造一個振奮人心的願景。

　　所謂的「願景」，存在許多不同的定義。我發現一種有效的描述方式為，將願景想像成一套思維、一個精神圖像、以及對未來某些狀況的感覺；這種陳述就好比一個人活在登峰造極的績效與成就感之中。

　　以下是世界級滑雪選手所創造的一個心理圖像－順著斜坡，完美無瑕的滑向勝利，讓那些起立鼓掌的仰慕者如癡如

醉。這意謂讓自己成為人們心中的傳奇人物。願景就是先去
體會那些稍後將會發生的圓滿結果。一旦我們堅定的願景就
定位，一支看不見的手似乎會順勢接手，即便是缺乏周延的
計劃，我們仍會開始不知不覺地選擇那些能夠順利引領我們
到達終點的人士與經驗。

　　願景具有極大的影響力。它是張顯、具體化我們生命中
夢想事物的主要步驟。如果你的願景缺乏啟發性，你就無法
過濾出該放進掌上記事本的東西。你的四週將會有做不完的
瑣事。

對於專案團隊而言

　　個人可以從願景中獲益，專案團隊也是如此。對於團隊
而言，最有效的練習就是開始發展願景宣言。

願景宣言

◆ 讓團隊先去體驗成功的感覺。

◆ 建立承諾與熱忱。

如何執行？

要求團隊成員回答以下的問題：

如果專案獲得空前的成功，遠遠超過你的想像，這會
對你的組織造成什麼衝擊？對我們的顧客呢？競爭對

手呢？我們這個行業呢？我們工作生活的品質呢？個
人的生活呢？這個世界呢？

記錄他們的反應，將這當成專案開展過程中的一部份。

如果時間許可的話，共同討論這些反應並將其溶入簡短
的願景宣言中。用現在式來表達這些願景，彷彿已經達成一
樣。

第三課：擁抱恐懼。

對於我們的恐懼坐視不管，它們將會四處流竄。無法忘
卻的恐懼，則終將擊倒我們的願景。

每個專案都是一項新的冒險，因此風險也伴隨努力而
來，不論是個人或企業風險。害怕犯錯、害怕專案會徹底失
敗、害怕被炒魷魚、甚至害怕成功，這些都可能使專案經理
人與團隊成員成天提心吊膽。這些都是非常自然的情緒反
應，永遠屬於人們處境的一部份。

人們不太容易去面對恐懼。因此，對於恐懼的可能反應
包括壓抑、徹底逃避、將其合理化，以及心懷「殺掉傳訊者」
的態度。

如果恐懼與懷疑瀰漫於你的專案之中，首先要採取的第
一步個是將恐懼當作朋友。恐懼並非壞事。倘偌能將它轉變
成正面的能量，恐懼就會搖身一變，變成一種看無形的祝
福。Wayne Dyer博士所著的一本書－《只要你相信它，你就
會看到它》（*You'll See It When You Believe It*），他在書中提

人們不太容
易能面對恐
懼。

及：「我們會恐懼那些我們不願去面對的事，而它們會因此
控制著我們。」

　　對恐懼的一種錯誤認知是，為了往前邁進所以必須完全
排除恐懼。如果這是事實的話，一個人可能會難以前進。在
一些非例行的活動中－例如大部份的專案，我們很少能夠擁
有百分之百的絕對把握。抱持的觀念應該是去發展勇氣。
Cia Ricco，一位以身體為中心（body-centered）的精神治療

醫師曾提及：「感受你自己的恐懼，並承認它的存在吧！」
對於Cia而言，真正的勇敢意謂雖然恐懼但仍然照常行事。
總之，「怕怕地去做吧！」

公開演講是我個人害怕的事情之一，但也是我必須經常
面對的事，因為它是我工作的一部份。我是害怕地在做這件
事。為了做好心理與情緒的準備，我在心中製作極度糟糕的
演講精神圖像，包括講台下噓聲等，藉此向自己坦承心中的
恐懼。接下來，我製作相反的圖像，例如獲得起立鼓掌的歡
迎。如此一來，至少我的恐懼感會降低到相當程度的範圍，
讓我可以完成工作並感覺一切都在掌控之中。

對於專案團隊而言

利用團隊成員間無法避免的恐懼。扔掉那些留言的紙
片，請隊員來個腦力激盪，提出所有個人與企業對專案所產
生的恐懼。詢問他們若是這些因素真的導至專案失敗，他們
將會採取什麼行動？然後，把這些結果當成風險評估的輸入
訊息，再去發展專案的關鍵成功因子。

第四課：選擇你的態度。

玻璃杯是一半空？還是一半滿著呢？問問工程師，可能
會有第三種答案：「兩者皆非，這個玻璃杯設計的太大了。」
這裏並沒有所謂的正確答案，無論答案是什麼，玻璃杯內裝

的都是相同的的液體。答案取決於你的觀點。

　　讓時間回到過去，Epictetus 在西元第一世紀時就觀察
到：「困擾人們的不是事情，而是他們自己所持的觀點。」
如果你有一個鳥類餵食器，但造訪的卻是那些非羽毛類的朋
友，如松鼠、老鼠，偶而還是浣熊。你必須做選擇。要對這
些不速之客感到沮喪，並採取預防措施來驅趕他們呢？或是
改採新的觀點－將餵鳥器當成動物的餵食器。我八歲的兒子
讓我看清這個突破性的觀點。

　　啟動心靈開關可以幫助我們完成選擇。這可能是影響人
類生活品質最深遠的真理之一。Viktor Frankl，他同時是一
位心理學家與哲學家，在被監禁於猶太人慘遭大屠殺的集中
營時，他發現了選擇自我態度所產生的力量。他與其他人一
樣，都遭受到荒謬至極的殘暴行徑。在大部份人都無法領會
的苦難當中，法蘭寇發現了終極的自由。

　　他的書－《人們對自由的找尋》（*Man's Search for
Freedom*），其中一段話可以提醒我們，即使短時間內週圍的
環境無法改變，我們仍舊可以控制自己看待這些處境的觀
點。引用他的這段話：

　　　　只有極少數的人能夠熬過集中營，但是他們提出足夠
　　　的證據來證實一件事－人可以被剝奪任何東西，但只
　　　有一件事例外－人們僅存的自由。不管外在環境如
　　　何，人們可以選擇自我的態度、選擇自己的路。

對於專案團隊而言

在專案中，我們時常受到別人負面的態度及意見之支配，這些人可能因為任何的原因而在專案上與我們採取敵對的立場。

這些人可能是團隊本身的成員，但我在此特別提出，他們也可能是會受專案結果影響的外在股東。我們忽略了他們對於我們的冒險行動所抱持的態度。專案的內外兩部份都會對許多團體造成衝擊，所以如何有效管理與專案相關人士的影響力，將是決定成敗的關鍵因素。團隊領導人的重要角色，是確保團隊有適當的方案來管理影響團隊的人士，不管是專案的支持者或反對者。

第五課：維護真理。

如果必須為專案經理人或團隊成員只挑選一項求生技能，我的選擇會是果斷的能力。所謂的果斷，我指的是以堅決的態度，直接點出指派任務的不合理之處，包括某些特別不盡情理的要求－例如接獲通知要求增加專案的規模大小，但卻不容許調整資源或原先預定專案完成的日期。「向不合理的要求說不」可謂之果斷。

你可以取得專案管理專業（PMP）的認證，也可以擁有專案管理的博士學位。但是如果你無法果斷，做爛好人的代

價就是將自己一起拖下水。

　　抱持「過份樂觀」的態度並不是一件好事。屈服於專案贊助人與顧客不合理的要求，就猶如勒索自己的自尊，你會將眞實的情況隱藏起來，同時也將專案置於危機當中。當一個乖巧士兵是不負責任的。乖巧士兵併發症（Good Soldier Syndrome）是專案中最大的隱形殺手。

　　除非我們知道如何說「不」，意思就是「絕對不要」，否則你會發現自我價值正被逐漸腐蝕，而你只能以扮演犧牲者的角色來做爲主要的自我認同。

　　這裏提供如何運用「絕對不要」的方式：

- 用自己的語言重複一次，藉以確認被要求的事項。
- 撥出一些時間來分析這些要求將造成什麼樣的衝擊，不需要當場就予以回應。
- 以有事實根據的資訊來做回應。
- 準備並推薦替代的方案。
- 重申你將促使方案成功的承諾，並設法找出對企業最大的利益。
- 運用你的判斷力來決定是否接受這項要求。如果眞的接受的話，應該將可能發生的結果具體化：「好的，我們會加進你所要求的特性，但誠如你所了解，它將對專案的進度、成本、風險、新慢跑鞋的零售價格造成影響，Wizbang 的專案也會因此順延。」

現在，問問自己，什麼是你目前已對外公開但卻不相信眞的能夠達成的承諾？你願爲此再做協商嗎？

對於專案團隊而言

團隊領導人最重要的角色是，幫助團隊學習求生的技能，其中包括自信。要完成這項任務，你必須確定團隊管理份內工作所需的基礎建設都已經就緒。這包括建立大家都同意的處理改變所必經的共識程序，發起人、團隊成員、功能性經理與顧客都要一起來參與。

還有另外一個機制，可以有效提昇團隊與團隊領導人的管理：在一系列的操作規範中取得一致的協定，讓發起人與功能性經理在專案執行期間內可以有所依循。例如：

- ◆ 在無任何解釋的情況下，不應隨意改變團隊的決策。
- ◆ 填補技能缺口時，確保所需的資源可以獲得。

第六課：解決衝突。

當大家對於如何解決問題或是如何使專案有所進展產生衝突、各有不同的見解時，衝突可說是團隊生機之所在。此時，衝突猶如創意的泉源，能夠孕育出一些不同的答案或觀念，遠勝於單一個人的閉門造車。這種衝突可稱之爲觀念的衝突，能夠激發我們想要的最佳思維。但是，Jim Lewis 在他的書《以團隊爲基礎的專案管理》（*Team-Based Project*

Management）裏指出：「觀念的衝突可能會導致人與人之間的衝突，一旦發生就必須設法解決，否則將會傷害到組織（或團隊）的機能。」

　　兩個個體間或群體中，各個個體間所產生的人際衝突，可能不好解決。例如，爲人父母者常會面臨與兒女間價值觀衝突的代溝。價值觀衝突是最難解決的課題。當你十幾歲的兒子以華爾茲的舞步滑進客廳，並向你炫耀鼻子上的鑽石鼻環時，你會說些什麼、採取哪些行動呢？

一對一的衝突解決

　　以下是Jim Lewis所推薦的技巧。經理人可以將此運用在對部屬或同儕的關係上：

◆ 選擇一個中立的環境來討論問題。

◆ 由衷闡述自己的希望，你就可將衝突化解到雙方滿意的程度。

◆ 不要預設立場、假設自己已經知道他人的意圖、想法與感受。

◆ 針對議題本身，而非當事人的性格。

◆ 在面對價值觀差異所造成的衝突時，僅須針對差異所引發的實際結果做處理，而不要觸及價值觀本身。

◆ 學習主動的傾聽，重複他人陳述的話。

衝突可以產
生解答或想
法。

- ◆ 表明自己是基於請求的立場,而非命令對方達成自己的希望。
- ◆ 記住,別人並不是壞、愚蠢或瘋狂,他們只是和你有所不同罷了。
- ◆ 當存在許多問題時,一次只針對一個議題。
- ◆ 過程無須操之過急。
- ◆ 一旦達成協議,詢問對方是否有其他可能的因子會影響協議的遵守。
- ◆ 不要承諾做不到的事。
- ◆ 永遠記得替對方留點面子。

以團隊為基礎的衝突解決

Jane與Joe在小組會議上互相攻擊，Joe不斷在Jane講話時加以頂撞－你會如何處理這種情形？只依賴團隊領導人獨自去解決整個團隊的衝突是一種錯誤的想法。相反地，團隊的每位成員都有義務去處理衝突。團隊成員可利用兩個練習來處理衝突－建立小組開會與運作的規範。

小組會議的規範是小組成員共同建立與承諾的基本規則，用來管理成員在面對面或虛擬會議中的行為舉止。會議的規範應經由腦力激盪與共識而建立。以下是一些團隊常會激發出來的例子：

◆ 一次一個人說話。

◆ 不要有階級之分。

◆ 如果你不同意，請提出替代性方案。

小組的運作規範則延伸到小組會議之外。這些基本規範與程序可讓小組管理好份內的工作，並確保大家能在整個專案過程中，隨時隨地進行開放、無保留的溝通。如同會議的規範一樣，小組的運作規範也應經由腦力激盪與共識而建立。以下是一些例子：

◆ 每兩個星期，大家彼此溝通、更新專案。

衝突可能很難解決。

◆ 若無法如期完成份內工作,請事先知會其他人。

◆ 確保贊助人與功能性經理都能共同參與團隊決策。

第七課:掌握自我、儘量地發揮。

　　專案經理人總是日復一日地站在火線最前線,持續被要求做出決策,但卻常常只能堅守崗位而缺乏明確的權力範圍。獲得授權意謂可以充分發揮自己的潛能,也就是說,可以肆意發揮而無需得到他人許可或授與直接的命令。在此所指的獲得授權,意謂一個人的行為能力來自內在,不需要從其他地方尋求職權。意思是發展自信心以及自負風險。

你受到誰的
控制。

　　有一些決策是我們無法擅自作主的。例如,我或許無法
批准提高五萬美金的預算。我必須獲得授權。然而,有些人
會落入一種思維的窠臼,不先與老板溝通就無法採取行動。
這時候,需要得到許可或授權可能只是一種直覺的反應或藉
口而已。雖然獲知自己得到許可是件令人寬慰的事,但是如
果這成了你做事唯一的方式,那你等於是默默地放棄了自己
的權力。頻頻去要求許可能夠讓你在事情行不通時,隨手抓
到某人或某事來當替死鬼。

可是，最終你將自嘗苦果。即使我已悄悄地放棄我的責任，但責任依然在我身上。如同諺語所云：「與其要求許可，倒不如要求寬恕來得容易。」

你是否能掌握自我呢？如果不能，那是誰在掌控你呢？

一個人如果能從自我意志與遠景的源頭著手，並與這些專案的元素相互結合，他會開始感到強而有力－從內到外充滿力量。何以如此呢？作家兼心理學家Nathaniel Branden在我曾參加過的一次研討會中，提醒我們：「沒有人會來拯救你。」除了你自己。

以專案團隊層面而言

我最近受邀去做一場有關激發潛能的演講，對象是一群專案經理人與他們的團隊成員。再被引介之前，其中一位聽眾走向我，並說：「我聽說你要來啓發我們，我非常的高興。我們自身的潛能必定可以完全地激發。」我告訴他，實際上我並無法激發你什麼東西。我可以做到的，僅僅是幫你釋放你原已擁有的能量。讓她認爲我可以啓發她什麼，就如同將能力自她身上取出來，然後放入我的手中。我要她知道幹勁來自自己，她並不需要依靠我。如果我不讓她這麼想，可能會害了她。

專案領導人所扮演的角色，是與團隊一起創造一個充份授權的環境、能夠讓團隊成員參與重要的專案決策、每個核

心隊員都擁有相同的機會去影響專案的方向。建立小組會議
與小組運作規範（參閱第六課）是開創授權環境的兩項祕
訣。

　　另一項技巧則是要求個別小組成員去探索一些方法，利
用這些方法來結合專案的存在目的與他們自己的專業、個人
目標。

第八課：放鬆檢討

　　我們的工作要求極為嚴苛，等待處理的繁雜事務更是無
窮無盡。個人萬用記事本會持續提醒我們還有多少事沒做、

專案檢討

大部份的團
隊成員不願
意參與驗收
會議。

答應別人的事情進度落後多少。我的掌上記事本會以鮮紅顏色來顯示超過期限的事情，提醒我這些事尚未處理完畢。我們到底還是人，或早已變成機器人？

Deepak Chopra 在他的一系列有聲書－《神奇的心智》（*Magical Mind*）、《神奇的身體》（*Magical body*）提出了一些警告數據。研究發現，我們每天平均產生八萬個想法。更進一步地，我們今天百分之九十的想法都與昨天相同。換句話說，我們一直在突破過去的記錄。

我們真正需要的是渡假。從我們本身作起。將自己從想法中抽離出來，如同雲彩從靜止的天空中溜走一樣。我們需要成為天空，即使只是短短的一秒鐘。處於這種心靈的狀態下（或是無意識的狀態下），我們能為創意打開一扇門。嶄新的想法會從我們的思維空隙浮現出來。我們必須要關掉那些擾人的噪音。

至少，你也可以投資購買一套令人放鬆的CD。或開始練習靜坐冥想。

以專案團隊層面而言

在專案上，我們可以採用回顧專案的形式來做為反省的課題，並從以前所學到的課題中淬取精華。有時稱之為「屍體檢驗」（post-mortem）階段，這是大部份的小組團員極度不願意參加的場合。若專案的結果不盡理想，大家會找出一

些代罪的羔羊，但卻無法學到什麼東西。請不要誤會我的意思，其實在專案執行後舉行檢討評估是個不錯的構想，最好將評估的焦點放在那些表現良好、可以精益求精的部份，而不是那些到底是誰將事情搞砸的部份。

我曾看過最有效率的團隊領導人，他們持續地做評估動作，特別是以一些非正式的方式，例如每天去面對真實的狀況來審視專案進行的程度。他們想同時知道進行順利與不順利的事情。他們知道如何用非懲罰性的口吻來探詢。

如此一來，小組成員就可以放心地表達意見，不論是好的、壞的、醜陋的、還是任何會使專案往前邁進的趣聞軼事。透過此舉，不但專案可以持續地進行中途修正，小組成員也可以排除心中的顧慮與擔憂，釋放精力並將其導往正面的方向，不會因恐懼而隱藏事情。

第九課：接受那些令人難以接受的事。

自我接納意謂不跟自己本身作對。不接受自己的例子包括，以貶抑的語氣談論自己的名字，或是看低自己的功績、無法接受自我讚美。

想在一生中做出正面性的改變，就必須從面對事實與接受目前狀況（現在的「你」）開始，不要嘗試與事實爭辯。否則，我們會深陷叢林的流砂之中。例如，假如我是一名滑雪選手，一味抱怨雪下得不夠其實也無法真的帶來雨雪。如此只會消耗精力並自陷於生氣的泥淖當中、動彈不得。我現

在總是努力去接受那些無法改變的情況。但這並不代表我喜歡這種情形或已經釋懷。我僅僅只是接受它而已。所以，接受那些無法接受的事是一項重要的生存技巧。但是，你若真的無法接受你自已（或某些情形），嘗試練習去接受那些你原本不能接受的自己（或情況）。這會產生相當神奇的效果。而且，當你瞭解整個事情其實頗為愚蠢時，你將會覺得好笑並感到如釋重負。

對專案團隊而言

我們的專案預算可能已超支百分之二十，進度還遠遠落後兩個月。情形相當不妙，沒有人喜歡這種處境。但這是已成定局的事實。所幸在第八課當中，我們已經思考過這一類情形並學到一些教訓。放任團隊在失敗與缺失中打轉，將會耗盡往前衝的精力和動能。團隊領導人所要扮演的其中一個重要角色，是幫助團隊去接受挫折與失誤（雖然此種情況並不一定會發生）。這意謂同時去接受事件的事實以及人們對於事實的感受，並且不要試圖去改變他們的感受。這些事實與感受將會隨風而逝，把此處當做前進的起點，你絕對有辦法重新振作團隊的活力。這是一個包含三個步驟的過程：承認、接受與調整。

執行叢林的
三個求生秘
訣是一項令
人怯步的任
務。

第十課：做些改變

> 一旦做出決定（或採取行動），一連串的後果將在瞬間
> 一湧而出，就像各種不可預測的插曲。不論是會議或
> 是物質的支援，沒有一件事會按照自己的預測發生。
>
> ──蘇格蘭喜瑪拉雅山遠征隊，W.H.Murray 所記載

要你一次採行所有叢林法則的十項課題與三個洞見，一
定會讓你感到怯步。然而，你可以先從一項或兩項開始。從

最能打動你的那一項開始做起。傾聽自己的直覺。

以專案團隊層面而言

有一次，我在某位客戶的公司和他們一起連續工作三個月。我觀察到一位專案經理人－姑且稱他為Richard，當他在做計劃調整與追蹤時，花他最多的時間的事就是盯著自己的電腦螢幕。日復一日都是如此。對Richard而言，專案管理就像吸引大批觀眾的體育運動。這個專案只活在在他的電腦螢幕裏。

我們可以依照理查的邏輯下個結論：一本好看的旅遊指南，可以為你帶來較好的假期。使用微軟專案程式來設計幾近完美的計劃，的確是一件相當吸引人的事。然而，它可能會減緩專案的進度、勾勒出不切實際的期望與時間表。設計出幾近完美的計劃並非存活的技能，唯有身體力行才算數。

處於今日節奏快速、繁雜的專案環境中，一旦取得專案目標的共識、確定方向後，計劃便得緊跟著擬妥。意即週而復始的行動、計劃、行動、計劃，強調的是學習與再計劃。你的任務是在特定的專案中取得平衡點。謹記以下這段日本諺語，並當做指導方針：「有計劃沒行動是做白日夢；有行動而沒計劃卻絕對是個惡夢。」

第二個洞見：所見即所得

　　星期六一大早，我與Jackie－我的長期夥伴，在黎明破曉之際起身前往波士頓。我們從她居住的紐約市出發。這麼早起床主要是爲了避免塞車。然而很不幸地，聯邦道路（FDR Drive）上的車流在清晨4：30即完全停滯不前，我們被卡得動彈不得。在無法自我克制的情況下，我彷彿失去理智般地用拳頭猛搥前面的檔風玻璃，並開始咒罵市長、紐約市的所有一切、甚至是州長，來爲這種荒謬的情況出氣。正值盛怒之際，我注意到車旁的另一輛車裏坐著一對夫婦。他們對塞車完全無動於衷。事實上，他們正在熱情擁吻。這個景像差點讓我跌破眼鏡。看著他們，我大聲地告訴自己：「難道你們不知道交通狀況很惡劣嗎？我們正陷入地獄般的深淵，而你們怎麼還能自得其樂呢？」好像只要我瘋狂地對著交通狀況大聲咆哮，它就眞的會聽到我的話一樣。忽然間，我彿如乍夢初醒。我開始意識到，雖然大家都處於相同的交通狀況之中，不過他們正在享受快樂時光，而我卻是如坐針氈。眞正使我心煩的，到底是交通狀況還是我自己呢？其實交通狀況才不管我要的是什麼呢！

　　你無法改變交通的狀況。唯一可改變的是你對它的看法。這並非什麼新觀念。猶太法典告訴我們：「我們眼前看見的並非事情眞正的原貌，其實我們只是以自己的角度來看

事情。」過了幾年，我參加William James－著名的哈佛心理學家的演講會，其中他提道：「人們可以藉由改變想法來改變處境是本世紀最偉大的發現。」我們並非沒有能力，我們的處境取決於自己看待事情的角度。

Shakti Gawain將這種想法做進一步的延伸，她的書《轉變的途徑》（*The Path of Transformation*）中提到：「只要我們在自我轉變的過程中堅定信念，我們就已經開始改變週遭的世界。」另外，有人將這個觀念總結為以下這個時常會聽到的句子：「將自己改變成你想看到的模樣。」

無法掌握這個基本的真理，將導致口袋裏裝滿顧問的資深主管，老是被抓來執行一些為了改變組織而設計的方案。資深主管只要能夠在他們想要改變的習慣、行為與價值上樹立典範，那麼其他的人自然會追隨他們的領導。改變是從內到外的工作。在研究專案叢林時，有一件值得我們記住的事：「我們要克服的並非叢林，而是自己。」

第三個洞見：全世界都將站在你這邊

在 Scott Peck的書《旅人的捷徑》（*The Road Less Traveled*）中，作者以「生命是艱困的」作為開場白。對我們大部份的人來說，這是個無法否定的事實。這種經驗會合理地自然延伸，於是我們會發展出適者生存的心態，將生命看做一種持續的奮鬥。總是有些事情要我們去克服。雖然這

種心態對許多人來說並不重要，但它卻會使我們以敵對的態度來面對週遭的事物，不斷大量吸走我們賴以為生的精力。如果我們以這種想法來看世界，勝利將註定與我們無緣。因為我們無法承擔宇宙的浩瀚，因此註定一輩子都生活在奮鬥之中。

　　我在一次打保齡球的經驗中體會到這件事。雖然我很少從事這項運動－如果真要算的話，或許是一年兩次，但是只要我一上場，我就會投入很多的精力，專注於如何取得高分。在一個令人難以忘懷的傍晚，當我正磨拳擦掌、蓄勢待發時，我注意到自己將球瓶當成敵人。我的任務就是擊倒它們，而它們則是極盡可能地屹立不搖。接著，我的腦海忽然靈光乍現，我告訴自己：「為什麼不把它們看成是與我站在同一邊的呢？想辦法跟它們一起合作。」我開始想像它們想要傾倒的意願，就如同我希望的一樣強烈。我與球瓶間的關係，從敵對轉為合諧。這種看法上的轉變，也讓我的表現脫胎換骨、大有進步。我現在仍舊不常打球，按照道理來說，我的分數似乎不該落在一四五到一七五之間。而且居然還能在一局中打出兩、三次的全倒。這裏的課題是：我要改變的是對週遭世界的看法，這樣可以幫助我與這些敵對的事物和平共處。這世界希望你贏，同樣的，它也希望其他人都能贏。

　　我後來又發現，合氣道的原理也奠基於合諧之追尋，即便你是攻擊的一方。合氣道可翻譯成「生命力量的合諧之

順勢而為

全世界會站
在你這邊。

道」，意謂結合你與宇宙之間的能量。John O'nei 在他的書
《合氣道的領導統御》（*Leadership Aikido*）中，總結了一些
頗具說服力的看法：

> 合氣道不是與對手門個你死我活，合氣道的師傅即使
> 無緣無故遭到攻擊，他也會結合自己與對手的能量，
> 將攻擊轉移至不會造成傷害的方向，同時避免攻擊者
> 與防禦者受傷。

全世界（保齡球瓶）將站在你這邊。我們必須做的是選擇看事情的角度。然後，順勢而爲。

摘要

面對源源不絕的新挑戰，有效率的二十一紀專案經理人，必須花時間專注於專案中的「專案……每天早晨，當他們蓄勢待發地看著鏡子、準備迎接未來這一天時，這個特別的專案就會從鏡中以充滿希望的眼神凝視他們。」這個沉默的呼喚就是要你去掌握專案管理中的個人內在韻律。也就是採取行動步驟，開始去擁抱這三個洞見、應用這十項課題。

告訴你一個好消息。那就是在執行這些洞見與課題時，你不需等待任何事或其他任何人的前置動作。你可以現在就開始，就在你繼續讀下個段落之前。因爲，沒有人會來拯救你－這也是一項好消息，你不必依靠任何人就可以開始動手。需要的是我們每一個人都負起責任，以強烈的意願去作出回應（或毫無意願）。它是一種選擇，因爲二十一世紀的專案叢林中，沒有犧牲者，只有志願者。

chapter 8

我要如何到達彼岸？— 掌握自己的職涯

導論

你已經回答了這兩個問題－「我在那裏？」以及「我要往那裏去？」最後的一個問題是「我要如何到達彼岸？」這是本章的主題。讓我們列個清單，看看截至目前為止你到底完成了哪些事項。首先，你已經描繪出自己的技能，並將描繪結果與四種不同的專案經理人相互比較。透過每一種專案經理人所需之技能輪廓分析，你已經瞭解自己目前所處的位置。第二、你已經探索了各種專案管理前景的可能性。你清楚自己到底只是客串一下或認真的想成為一位專案經理人。

你也已經瞭解專案經理人的生涯階梯將通往何處。在本章
中，我們會爲你發展策略與行動計劃，幫助你瞭解自己的專
案經理人生涯目標。

擬訂專業發展計劃

你的願景與任務宣言是專業發展計劃（PDP）的基石。
簡單地說，如果你不知道要往哪兒去，你又怎會知道何時能
到達呢？或者如同愛麗絲在夢遊仙境（Wonderland）裡所發

掌控你自
己的職
涯！

現的一樣－如果你不知道要往哪兒，那麼不管哪一條路都可以帶你到達目的地。我們希望你能夠比愛麗絲多一些決心與目標。

首先要做的第一件事，就是為身為專案經理人的你記錄下任何你對自己未來的決定。這份記錄文件將包含你的個人願景、任務宣言以及為了達成任務所擬訂的策略性計劃。前兩項所占的篇幅不會太長，但要寫下來也並不容易。我們將使用Bob Wysocki的PDP例子，來幫助你處理這些事情。願景宣言與任務宣言大多僅由一兩個句子組成，其中提及你想成為什麼樣的人以及希望別人如何看待你。讓我們靠近一點、仔細來看看這兩個宣言。

願景宣言

這是一個關於最終理想的宣言。它不太可能會改變。因為它是你的理想，是你在專業生涯中想要追求的東西。你也許始終無法達到那個目的地，但你還是會為了它不斷地汲汲營營。換言之，用一般的語言是－你知道前進的方向。圖8.1是Bob Wysocki的PDP的願景宣言。

注意Bob所敘述的願景宣言，他以不斷地向目標努力邁進的方式來表達。也就是說，願景是一種自我追求的東西。它給予Bob一個方向感，而非Bob自認已經達成的任何目標。在他考慮採取任何行動前，他會評估這麼做是否對自己

願景宣言

能夠為人認同自己為專案管理的執行帶來價值與持續貢獻。

圖8.1 願景宣言範例

的願景有所裨益。如果答案是否定的，接下來他會問自己一個問題：「我為什麼要這麼做？」或許有某些不可抗拒的因素或環境迫使他必須這麼做，但是在採取這個行動的同時，他也必須瞭解這將不會對其願景有任何正面性的功效。

繼續往下閱讀時，試著用手寫下屬於你自己的願景宣言。除了你最信任的良師益友或配偶，你並不需要與任何人分享這個宣言，所以倘開心胸、誠實地記錄內心最深層的渴望。

任務宣言

你的任務宣言即為願景宣言的具體實現。它是一個更為明確的宣言，主要是關於別人用來看待你如何發展專案經理人生涯的角度。它是你未來要做些什麼事的宣言。換句話說，它指的是完成某件事情。它可以包含多重部份，可能隨著時空變遷而需要修改。修改或許只是對原先的任務宣言添加某些東西或稍做微調。但也可能是徹底轉移專注的事情，

任務宣言

發展與執行可廣泛應用的評估工具組合，來幫助組織增加專案的成功率。

圖8.2　任務宣言範例

雖然這種情況不該常常發生。圖8.2是Bob Wysock的 PDP之任務宣言。

請特別注意，Bob是用願景宣言的舉例說明來做為任務宣言。它是具體的行動宣言，你可以測量每個向目標前進的步伐大小。但是願景宣言就並不一定要這樣。

現在，將你的願景宣言轉換成任務宣言。開放你的思維，不要過於狹隘或短視。它是一項遠程的宣言。

戰術計劃

這是理想與現實的交接之處，為了完成自己的使命，請明確地列出你想要作的事。依照計劃的詳細程度，也許你可以將戰術計劃的完成日期包括進去。但是我們有理由選擇不將日期放進去。我們的戰術計劃包含所有促進專業發展一切事情。其中或許有些是你現在還無法掌握的事，所以只需將它們列出即可。一旦機會來臨，你才可以好好利用它們。在

戰術性計劃

探索如何改善團隊效能的專案管理實務並整合到現存的 EII 組合。

針對如何改善專案團隊效能，每年至少作四次的公開簡報。

與能夠提供工具來改善專案團隊效能的公司，建立夥伴關係。

探索需要團隊效能工具的領域。

發展並運用工具來滿足此等需求。

提供能接觸 EII 組合的網站。

發展與落實團隊效能及以網路為基礎之專案管理相關訓練課程。

圖8.3　戰術計劃的案例

你完成某些任務或發現新事物時，你可能會頻頻去修正這份清單。切記，明日的你將比今日的你更聰明。你會找到一些新的機會與新的相關活動，只要它們屬於任務宣言的範疇之內，你都可以適當地擷取添加。圖8.3是 Bob Wysocki 的 PDP 之戰術計劃。

　　請注意，Bob 的戰術計劃中的每項具體活動，都對任務

宣言有所裨益－只是程度不盡相同而已。這裏所舉的例子中，每一項行動項目都與任務宣言的某個單一部份有關。較普遍的情形是，任務宣言具有多重部份。若是這樣的話，每一個策略性行動就必須至少與任務宣言中的某一部份有關。行動項目在實踐願景宣言的過程中與愈多的部份相關連，重要性也就愈大。

現在該你了。馬上進行依你的任務宣言來詳細列出要做的事情。即使此刻的你並不清楚該如作去進行這些事，無論如何，先將它們列出來。你不希望錯過任何可能的機會吧！我們想要提醒你的是－不在你自己計劃中的事，當然也就不會發生。不要放太多事情到你的戰術計劃裏，那是不正確的。以下是進一步的指導方針，你可以在發展戰術計劃時將它們做為參考。

專案在職訓練

對大多數人來說，被公司派去接受訓練的情形並不多見。如果你不在受訓人員之列，但你又需要提昇某些專案管理技巧，那你該怎麼辦呢？我們都希望蛻變為世界級的專案經理人，為了達成這個目標，接受訓練是不可或缺的。或許你們當中有些人是真的是沒有機會或時間去接受應有的訓練。記住，實際上並非完全毫無機會。我們可以為你提供一些建議。

就專案管理的角度而言，我們並不知道你所處的組織是

我們都希望蛻變為頂尖的專案經理人。

屬於何種型態,但是,讓我們先假設組織中一定存在著某些專案經理人,他們比你更瞭解專案管理的知識、知道哪個人具備你想要改善的專案管理技巧。即使你只認識其中幾個人,你也要設法加深他們對你的印象,並努力學習他們所擁有的專案管理知識。你或許會懷疑:「這怎麼可能?」那些人老是忙著救火,不可能為我撥出空檔。好吧!做為一個初學者,你應該想辦法儘可能被指派到他們的專案之中。例如,讓我們假設Chris Tullball 是位曾經通過公司門檻的最佳

專案企劃者之一。你知道計劃是怎麼一回事，但對如何執行則是一無所知。顯然地，你必須再好好加強計劃的技巧。設法去加入Chris的團隊。幫她打雜、影印、泡咖啡。盡可能去參與她的整個計劃過程。你的主要任務就是觀察Chris的行動，從她身上獲取一些實用的觀念。她不會拒絕你為她提供的真誠協助。

所以，現在你已經是個不錯的計劃者。盡力去發掘自己需要發展的技巧，並尋找擅長此等技巧的人士。加入他們的行列吧！把自己放在利於觀察這些專家們的最佳位置，看看他們是如何執行你所欠缺的技巧。你會一邊執行一些實際的工作（專案經理人將從此處獲取價值），同時一邊發展你的技巧（你將從此處獲取價值）。

推銷你的生涯發展計劃

你是否曾經想過運用自己的工作情形來獲得拔擢，或將專案經理人的職位當做自己生涯成長的跳板？或許沒有。我們提供你一些獲得拔擢的建議。我們討論的並不是一些自吹自擂、自私性的宣言，而是如何發展專業的合理策略。

向你的主管表達你的生涯目標。如果你的主管不瞭解你追求成長的企圖心，那你又怎能期待他或她能幫助你達成目標呢？在我們所看到的許多案例中，專業人士將他們的目標當做最高機密。因為某些因素，他們覺得頂頭上司可能會認為他們不滿意現狀、別有所求。有些人則認為主管不會有協

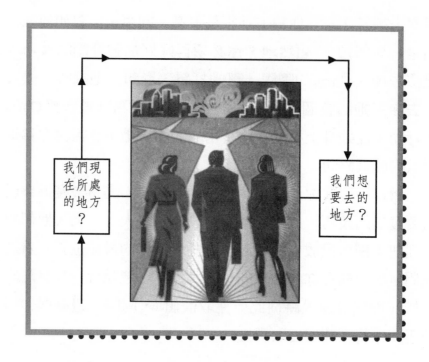

助他們的意願，因為主管會因此承擔他們調往其他部門或跳槽到別家公司的風險。切記，你的生涯主人是你自己，而不是你的主管。讓你的主管有機會利用工作指派與訓練來拉拔你。如果他們看起來沒有拉拔你的意願，你或許應該認真考慮是否投效其他主管或另謀高就。

　　確定資深專案主管知道你的發展興趣。這點對你的未來是如此重要，所以請特別注意我們提供給你之確實可行的策略。這些都是我們曾經試過並完成的方式。你將知道什麼是

你進一步發展時所需要的技巧與能力。確定其他的專案經理人也知道這一點，並自願幫忙你爭取附帶絕佳在職訓練（OJT）的專案。如果你想更積極一點，那你就自己嘗試去尋找那些隱含發展機會的專案。

尋找WOW專案。對於認眞看待專案管理的學生而言，這是一門必修的課題。我們不會重複囉嗦前面說的話。我們將留給你自己去研讀相關文章並遵照其中的指示。

翻開隱藏在專案中的寶石。

現在，你應該已經了有適當的生涯發展計劃。它應該可以回答兩個問題：你現在身處何方？你現在要往哪兒去？你現在身處的地方只是指你所做與所知的大概輪廓。你目前的所知是屬於一種技能輪廓，可以讓你在專案管理、一般管理、事業、個人以及人際間各領域中，辨識自己的技能層級。你要往哪兒去則是盡可能的描述你現在的生涯目標，以及與生涯目標有關的技能輪廓。我們在之前的章節已談過這兩種技能輪廓的差異。在本章中，我們則要思索如何利用專案進行在職訓練，來彌補其間的差異。

首先我們要做的，是針對你公司中的專案組合，評估其中是否存有在職訓練的機會。這需要你做一些探詢的工作，以及培養跳出框框的勇氣。你需要注意三個重點：目前的專案、未來的專案與專案團隊成員的變動。

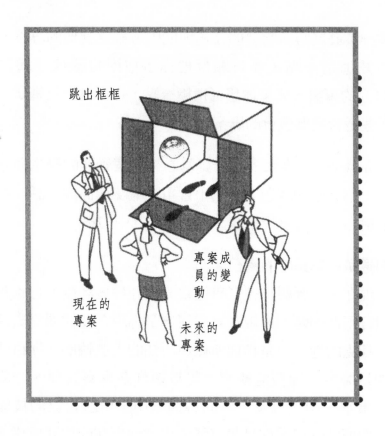

　　目前的專案機會。嘗試從目前的專案組合中，瞭解這些
專案的內容本質以及是否可能提供你在職訓練的機會。認識
專案團隊的成員，請他們告訴你相關事項的進展狀況、團隊
正面對哪些問題、以及時間進度的掌控情形。如果專案需要
的話，你也可以做出一些貢獻，經由這些貢獻，你能夠進一
步發展所需的技能，你也許應該和專案經理人談談。

未來的專案機會。從這些未來的專案中（有些甚至還沒有計劃好或被批准），發掘這些專案的內容及其所需的團隊技能。再次想想，它們是否能提供你貢獻所長的機會？你是否能夠從中學習？如果答案是肯定的，你應該與專案經理人談談。

成員變動的機會。最後，真正的寶石可能隱藏在成員的變動中。不管團隊成員以任何理由離開，職缺必定要有人替補。如果這個替補位置可以讓你做為進一步發展的跳板，去和專案經理人談談。

一旦你發現這些機會，你就要鼓起勇氣跳出框框。換句話說，你應該採取主動的態度，設法將你的工作範圍推往這個方向。這或許意謂著工作量會增加，但是如果你想要有所進展，你就必須這麼做。所以咬緊牙根，邁向你的未來吧！我們現在再重複一遍前面已經提過的話：你的公司決定你的工作，但你決定你自己的生涯。

我已擁有自己的PDP－接下來呢？

恭禧你！現在你已經擁有自己的宣言，可以明確地描繪出你將往哪裏走以及你如何到達目的地。在你的專業發展中，這是一個重要的里程碑，你應該為此感到驕傲。你已擁有可以使你充滿信心邁進的工具了。我們還要再告訴你幾件事情，讓你以現有的基礎繼續向前。

PDP 是變動的

這裏所指的是，你的PDP將處於一種持續變化的狀態。當你向路途中間的目標前進時，你要停下來再做評估。你可能因此修正原來的計劃。那相當正常。你並不是一寫完這個PDP就將它束諸高閣、漸漸遺忘。它是一個現存的宣言，你應該無時無刻將它記在心上，特別是當你在專業行動上遇到一些新機會時。面對計劃時，隨時評估這些新的機會。它們合適嗎？如果答案是否定的，那是否暗示我們應該修改計劃？如果答案是肯定的，那我們是否應該馬上完成它們或稍後再完成？如果想要稍後再完成的話，有利的時機是否會再次浮現？

與別人分享自己的PDP

不要將 PDP 視爲秘密，但也無須將它放在你的個人網頁上。與你的部門經理、良師益友、專案辦公室經理、訓練部門、人力資源部門，一起分享你的 PDP。他們會幫助你去發現拓展計劃的機會。他們必須知道你的 PDP，才能幫得上忙。

將 PDP 張貼出來

　　為了確保你可以一直留意自己 PDP，我們建議你將它貼在你的小隔間內。放在你可以看得到的地方，它會時常提醒你去尋找那些發展機會。如果將它置於視線之外，你可能不久就會忘個一乾二淨。不要冒這種風險。它對於你的未來實在是太重要了。

良師益友

　　最容易被忽略的其中一項資源就是良師益友。他們身處你的週遭，每天與你一起工作。他們或許手中正握著你努力爭取的下一個職務之生殺大權。他們或許只是具備你想要得到的技能。無論如何，他們已經擁有一些你渴望獲得的東西。他們的忠告與諮詢垂手可得，並且你可以免費請教他們。你們當中的某些人也許很幸運，可以在擁有正式顧問指導的組織內工作，但我們不認為這是必要條件。在本章中，我們會探索關於這些良師益友是誰、他們在做什麼、以及你如何便利地運用他們來幫助你的生涯拓展。

誰是良師益友？

　　在美國傳統字典（American Heritage Dictionary）中，良師益友定義為聰明且讓人信賴的顧問或老師。良師益友是一位你會向他尋求協助或忠告的人，不論是有關個人或專業生活層面的問題。若以專案經理人的專業成長與發展脈絡來說，良師益友可能是你專案管理專業的最佳夥伴。他或她可能擔任你所渴望的職務或具備你想專精的技能。在發展專案管理專業時，更換良師益友的可能性非常大。事實上，你可能會同時擁有不只一位的良師益友。

　　稱職的良師益友並不需要擁有顧客或心理學專業方面的廣泛知識技能。更確切地說，他需要擁有的是一種支持性與指導性的態度。具備良好的人際關係技巧，是身為一位成功指導顧問的基本要素。其中包括人際間的技巧（容易親近、配合度高、衝突的管理者與決策者），溝通技巧（主動聆聽者、給予回饋、好的演說家），與領導統御技巧（激勵、開放與支持變革）

　　一般說來，良師益友會比他們的學徒年紀稍長，但實際的年齡差距並沒有想像的大。良師益友早就在那兒做過那些事情，所以他們可以傳承經驗與職場智慧給他們的學生。如果他們的年紀過大，或許反而會有代溝的問題需要克服。

尋找自己的
良師益友。

良師益友要做哪些事？

如同之前所提的，成為良師益友的最優先與最重要條
件，是當一名好的聽眾。他或她是安全的避風港，你可以很
自信的與其談論自己最敏感與最掛念的議題。具體來說，良
師益友應該能

1. 幫助你規劃生涯藍圖。

2. 幫助你審查是否存在著替代方案以及做決定。

3. 發掘組織內部與外部的資源。

4. 爲你引介一些在特殊領域中、擁有更進一層專業知識或經驗的人。

5. 幫你尋找建立關係網路的機會。

6. 將你推薦給適當的人士。

7. 分享他們的經驗。

8. 成爲你的安全避風港。

9. 成爲你的知己。

10. 當你需要向人訴苦時，他很樂意傾聽。

替自己尋求一位良師益友

我們都有良師益友，不管是正式或非正式的。在你的生活中，一定有那些能夠讓你景仰或想要仿效的人物。倘偌這些人僅僅影響到你的生活，那麼你擁有的是非正式的良師益友。如果你能更進一步詢問他們的意見，期望他們與你分享智慧，那你擁有的就是正式的良師益友。

良師益友與你之間的合作的程度可能各有不同。例如，如果你想要成爲公司中最佳的資深專案經理人，去尋找一位本身已具備如此條件的人並與其建立關係，這樣早晚你能夠很自然地邀請他們成爲你的良師益友。或者說，假設你正爲如何磨練專案技能而傷腦筋的話，試著在公司中找尋大家所公認的專案計劃專家，想辦法認識他們，在他們做規劃時設

法提供一些協助。遲早你會覺得請求他們充當你的計劃良師，是件很自在的事。

如果公司中沒有這種專案經理人呢？那你就必須到外頭去找。參加專業性的專案管理協會（Project Management Institute）可能會對你有所助益。PMI 擁有綿密的地方分會網路。報名參加吧！參與研討會有助於開拓你的專業人際關係，同時也可以幫助你找尋良師益友。

學徒與良師互蒙其利

良師可以從心理與個人方面獲益。心理方面的酬報源自於幫助他人獲得想要的技能與達成目標。個人方面的報酬則是一種自尊心與工作的滿足，因為有人認為你的資格完備，願意請你在可能的範圍內，與他們一起密切合作。

對學徒來說，益處更多。首先最明顯的是知識擴增與生產力提昇。就算只是有人願意聆聽並提供解決問題的忠告，以及在你認為最重要的議題上提供你不偏不倚的意見，這樣就已經算是值回票價了。

管理專案裏的政治

許多人覺得組織中的政治議題讓他們感到厭煩。我們的確看到一些人，在組織裏無情地將他人踩在腳底來向上爬。

這種不正當的政治手腕肯定是令人瞧不起，我們當然也不主張你採用這種技倆。

然而，我們無法迴避一個事實，那就是組織中的所有行為皆屬於政治性的舉動。你總是在別人的打量之下過活，而不管有意或無意識，你也總是在影響他人。事實上，你不可能不受到任何影響。即使沉默也會造成影響。搭飛機時你坐在某人旁邊閱讀或觀看窗外。如果他們試圖與你溝通，而你卻用簡短的話來回應時，他們通常會得到一個訊息：我不想與你有任何瓜葛。

所以即使你不是故意的，你也無法避免影響他人，因此你也無法避免被政治化。這個問題的解答就是去瞭解政治，讓你的行為舉止儘可能具有正面性。

首先，你必須瞭解一個事實。所有政治行為的目的都是為了取得與保有權力或控制。此外，你必須清楚，身為專案經理人，你需要一些權力，否則你無法使工作順利完成。專案經理人最常抱怨的其中的一項就是，他們背負許多責任，但卻沒有權力。意思也就是他們不具備組織賦予個人在職務上的職權。專案經理人在官僚體系的整個組織架構中，常常宛如二等公民。在一個矩陣式的組織中，如果他們必須從功能性部門取得所需之資源時，他們會發現功能性經理將他們視如蛇蠍一般。再者，功能性經理只希望將功能性的工作完成，並不想要支持專案本身。組織如果想要獲得真正有效率的專案管理，就要設法扭轉這種想法。

　　建議：當你需要資源時，你與功能性經理關係的好壞會造成不同的結果。最有效能的專案經理人願意花時間與組織中其他部門的成員建立關係網路，這也算是一種政治行為。如果你不願意這麼做，你就會失去這個推動你的專案管理生涯、最重要的契機。

　　這是否意謂你必須與他們出去喝啤酒，或是在下班時參加他們的社交活動嗎？不是，雖然有限度地參加這一類活動或許有些幫助。但你需要去認識他們，發現他們的興趣所在，以及使他們認真工作的原因。爾後，當你需要他們的協助時，他們將更樂意為你效勞。另一方面，如果你在組織中屬於默默無聞的傢伙，你可能會覺得他們並不太願意與你配合。

　　你應該知道政治與權力的其中一個面向，就是平等互惠的原則。一般所謂的「欠我一次人情」，是因為其他人曾經幫過你一次忙。雖然別人以冷默、面無表情的態度與按件計酬的方式來做事時，總是令人不太愉快，但毫疑問的，我們會自覺應該還給這個曾經幫助我們的人一個合理的人情。所以只要是在你的能力範圍內的事，你不應該拒絕他人的要求，因為假以時日你可能也需要人家的「回報」。此外，若你常常幫助他人，你將被歸類為配合度高、適合合作的人，這對你總是有益而無害。

對我有何意義呢？

心理學的領域中有一個最重要的觀念是WIIFM準則－人們感受到有所得時，他們才會做某件事。沒錯，這項準則甚至也適用於慈善事業。人們自覺做了一件好事。如果沒有這種感覺的話，人們也不太願意去做善事。所以你必須試著幫助隊員找到那些他們認為可藉由參與而得到的價值。如果他們找不出任何意義的話，你也不用指望他們會有動機去完成你所希望達成的任務。

如何在不動用直接職權的前題下，造成相同的影響

請特別注意，我們所說的話是針對沒有直接職權的你，告訴你該如何造成影響。更應該注意的是，即使沒有直接的職權，你仍需要運用影響力。直接職權的使用可以想像為，將職務上的職權或強制的權力硬加在他人身上。強制的權力意謂強迫某人做某事，這種權力在今日的組織中已經不太行得通了。

即使是職務上的職權大家都過份高估了。我們訪問了一些執行長，詢問他們以下的問題：

- ◆ 「你在組織中擁有很大的職權吧？」他們同意事實的
  確如此。
- ◆ 「人們是否會因為你的職權而照著你的想法去做事
  呢？」他們總是說：「當然不會」。
- ◆ 「那你如何讓人們去做該做的事呢？」我們問道。

　　他們不約而同地告訴我們，讓人們自己有意願才是上
策。職權唯一可以允許執行長們做的，就是讓他們在員工不
順從時，運用職權來加以懲戒，但是懲戒必須受到法律的限
制，執行長們並沒有太多時間去處理這種情況。所以執行長

們終究還是必須運用影響力去讓事情順利完成，那你和我就更別提了。

　　磨練你的溝通、協調、建立人際關係與影響力的技巧。它們都是政治行為，你需要它們來成就你的事業。

摘要

　　你終於到達終點了。我們希望你一路發展出來的成果，可以符合你的期望。你已經有了計劃與方法來實踐它。將它當成一個起跑點。隨著時光的流逝與經驗的累積，你需要重新檢討你的計劃。它是會改變的。期望它真的發生吧！去真正擁有它，否則它不過是徒具包裝形式罷了。

　　你必須與你的主管，以及任何可以讓環境更具支援性的人士，一起分享最後一章。其中的許多忠告或許會對你們有所幫助。

chapter 9

組織的支援

導論

本書若缺乏關於企業如何幫助頂級專案經理人發展生涯的章節，勢必讓人感到遺珠之憾。所以本章是針對以下人士所寫的：資深主管、專案經理人的上司、人力資源發展專家、以及任何關心與想要培養這群羽翼未豐之專案經理的人。

從聘雇人員開始

如同我們之前所提的，許多專案經理人並沒有將專案管

好的人才可能會逐漸流失。

理當成事業來經營；他們有自己的工作目標。某些案例則是因為在組織未賦予專案經理人與技術人員獨立的升遷管道。如果你想要以技術人員的身份在生涯中鯉躍龍門，你會面臨和專案經理人一樣的窘境。

這樣的結果總是令人感到沮喪。你會逐漸地失去好的技術人員，因為要同時維持高技術水平與擔任一名稱職的管理人員是非常困難的事。而且你也可能發現，許多技術專家其實並不適合擔任專案經理人，因為他們缺乏圓滑的人事處理技巧，而這會深深影響他們處理相關事務的方式。

首先，你應該考慮挑選對這份工作具備強烈慾望與天份的人來從事這項工作，因為這會直接關係到這項工作的成

敗。某人是名很好的技術人員，這並不表示他或她就會是位好的專案經理人。事實上，如果他們在技術領域的表現極為卓越，很可能沒辦法成為一位好的專案經理人，其中的一個原因是，她在管理專案時，他們難超然地面對技術性工作。

這帶給我們一個訊息：如果你替這份工作選擇了一名不適任的人，稍後你還是必須更換人選，果真這樣的話，你反而幫了那個人的倒忙。就像我們之前一直試著要證明的，並非每個人都適合被塑造成專案經理人，這比被塑造成為屠夫、烘焙師、或燭檯師父還要困難得多。我們每一個人都被賦予特殊的天份，不要想將方形釘子強行釘入圓形孔內，設法尋找圓形釘子才是明智之舉。

在描述專案經理人輪廓的章節裏，我們已說明了哪一種特質類型可以造就優秀的專案經理人。試著利用這些指導方針來替工作尋覓人才。然後再往下一個階段邁進－給予他們所需的支援。

如何支援發展中的專案經理人

天份只是個起始點，你還必須將它轉換成有用的技能。我們從運動中學到一個重要的課題。如果教練發現了一名對運動似乎天賦異稟的人。難道教練會馬上將此人安插到隊伍中，然後對他說：「上場表現吧！」當然不會，他會先培育這名新手的天份。教導他如何運用本身的技能來取得優勢，

並加快進步的速度。這位教練在培育天份、訓練、以及各種演練指導上投注無數的心血之後，這名運動員才能大放異彩。沒有人天生就是超級巨星。

但我們在組織中似乎完全沒有察覺這項事實。我們使用鯊魚誘餌的方式來對付職場中的人們。我們不管他們是否具有天份，直接就將他們丟進職場中，不予以協助，讓其中的鯊魚大快朵頤，一旦他們表現不佳，隨即要他們捲鋪蓋走路。

儘管我們不斷談論人力資源發展（HRD）這個議題，但除了那些能夠一路晉升到組織高層的明日之星外，其他人很少得到人力資源發展關愛的眼神。我們必須對組織中所有的成員一視同仁－特別是專案經理人。

鼓勵新手的專案經理人，將專案管理視為真正的生涯途徑，而非附帶性的工作。建議他們加入專案管理協會（Project Management Institute），並定期參加各分會所舉辦的研討會，這樣他們便可以與其他的專業成員一起建立網路。指派一名良師益友來幫忙指導他們。當情況不佳時，能夠鼓勵他們堅持下去，因為在某些專案中，出狀況在所難免。

讓他們從較小的任務開始做起，逐步增加他們的負擔，直到他們可以承受真正艱鉅的任務。

最重要的是，確定他們能夠接受專案管理核心知識所需的訓練，而這些已在前面的章節中討論過。還有一種可行的方式，就是幫助他們去大學或國內其他提供相關課程的機

構，註冊已被認證的課程。讓他們成爲專案管理專業人士（PMP）。或是，如果有人非常認眞地看待專案管理，對它極感興趣，並想將它當做自己的專業，那麼，你可以鼓勵他或她繼續攻讀專案管理的碩士學位。這個學位等同於MBA，但訴求重點是以專案管理爲主。

職位本身

另外一件重要的事，就是組織必須賦予這個職位更高一點的地位。在過去很長的一段時間裏，功能性經理一直被視如「王者」一般，但專案管理經理人卻被視爲孤臣孽子，這

建立真正的
雙軌生涯路
徑。

讓許多專案經理人感到忿忿不平。

在Robert J. Graham與Randall L. Englund合著的書－《爲成功的專案創造一個環境》（*Creating an Environment for Successful Project*）中，建議組織應該讓功能性部門替專案需求提供服務。如此一來，專案經理人在企業中的地位，即便不會比功能性經理略高，至少也會具有相同的地位。只有透過這種方式，專案經理人才能從功能性部門身上獲得眞正需要的奧援，進而順利達成重要的專案目標。

我們應該藉由適當的工作內容說明書與薪資報酬等因素，賦與專案經理人類似其他職務的身份和地位。此外，組織也應該建立一套眞正的雙軌的生涯途徑，技術人員可因此順著技術階梯往上攀爬，並與管理階層擁有相同的待遇。如此的話，他們才不會雖然心裡眞正愛的是技術工作，但卻受到外在誘惑而想成爲經理人。此外，同樣的方式可以比照適用於那些眞正想要管理專案的人們，這樣能使他們的相關技能更臻成熟。

事實上，我們有絕對的理由建議組織採用三軌而非雙軌的晉升階梯。很明顯地，管理專案與管理部門之間存在著極大的差異。專案經理人必須時常動用功能性經理旗下的部屬，所以他們必須承擔很多的責任卻本身卻不具職權，也因此他們需要的技能與部門經理不盡不同。他們比較不用擔心績效評估與日常行政瑣事，但他們卻必須擁有卓越的政治手腕－這對於部門經理來說，反而顯得不是那麼重要。

　　事實上，我們相信，專案經理人的職位終將成爲資深執
行長的晉升跳板，因爲，專案經理人所接觸的幾乎是組織中
每一個部門的人，以及組織外部的人士。我們也相信在
HBDI測試中，結果屬於均衡之專案經理人就像執行長一
樣，擁有能與任何想法偏好的人互相融合的優勢，他們能夠
與別人好好溝通、自在穿梭於各個不同的界面。

　　不過，請不要誤解我們的意思。我們並非建議只有具備
完美型態的人士才能被選做專案經理人。一來因爲只有百分
之二的人擁有這種型態，所以你會發現只有極少數的人符合
要求。二來最重要的原因是，我們先前已闡述過，所有不同
型態的人都可以成爲優秀的專案經理人，只要他們設法加強
自己較弱的思考偏好型態，或向擁有那些思考偏好型態的團
隊成員尋求協助。

專案辦公室

　　對於某些經理人而言，「專案辦公室」這個字眼所傳達
的意思是官僚與其附帶的繁文縟節。所以你如果不喜歡這個
字眼，你可以稱它爲「專案管理功能」，因爲這是它眞正的
意涵。而且我們從經驗中得知，以這種方式來組織管理能夠
產生極大的價值。如同我們之前所說的，並不是每一個人都
能被安排成爲專案經理人，所以配置一個專職的專案經理人
來負責這項功能，將具有諸多的優點。對此我們的討論如

下：

　　專案經理人可以利用這個機會磨練自己的技能，因為這是一個可以讓人完全發揮的全方位職位。他或她可以藉此發展專案管理技巧的廣度與深度，而不會受到必須同時進行管理與工作的誘惑。他的角色功能是專案管理，而非技術性工作。這也可以幫助技術人員卸下專案管理工作的「負擔」─許多技術人員並不喜歡從事管理的工作。他們就能像專案經理人一樣，全力發展他們的技術能力。

　　最後，如果有四個以上的專案經理人，專案辦公室就應該雇用全職的日程排定人員。這個人員的層級應屬於辦事員，藉此，專案經理人就能專注於管理工作，而不用一星期中好幾天都必須坐在電腦前安排他們的行程。我們曾經與多家公司合作，他們都已完成這項工作並瞭解這麼做可以節省相當程度的成本。對於這些辦事員來說，額外的福利就是能夠接觸一些比平常例行事務更具挑戰性的工作。透過以上的安排，專案經理人與其他功能性經理才算真正處於相同的立足點，因為現在專案辦公室也有權被視為一種功能性的職務。

　　這個辦公室會變成整個組織的焦點。如今，想要以企業的整體策略來調整專案方向，會變得容易得多了，理由是，為了策略而需被仔細調整的專案經理人數，比每個人都參與專案管理時要少得多。這種架構是否意謂著組織中其他的成員，就可以將專案管理置身事外呢？當然不是。出色的專案

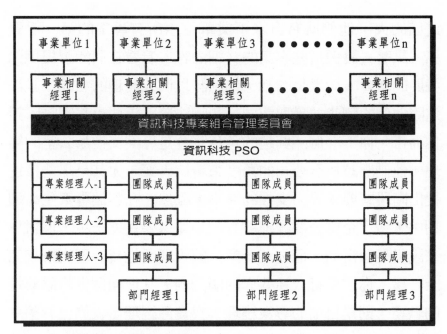

圖9.1 資訊科技專案支援處

管理其中一個核心準則是,執行專案工作的人應該參與專案
計劃開發。因此,每一個人都應該對專案管理具備基本的認
識。

圖9.1列出專案支援處典型的組織架構與配置。我們將
此圖放在這裏,是為了幫助你去識別其中參與的人員、瞭解
他們將如何在你的專業發展過程中提供協助。

讓我們更靠近一點、仔細看看這些參與者到底是誰,以
及他們為何有所助益。企業的公關經理是專案支援辦公室與
企業各單位間聯繫的橋樑。每一個事業單位都至少配置一個

這樣的人，他們擁有自家事業單位內所有專案的第一手資訊。試著去發掘這些專案的詳細內容，看看它們能否提供你發展的機會。如果是的話，你應該以個人興趣的名義、設法追隨他們的腳步並獲取認同、想辦法參與這些專案團隊。對你而言，你下一個感興趣的角色將會是專案支援辦公室的經理。他們應該以全公司的角度來看待專案，尤其是那些接近提出階段或要求人力支援的專案。雖然，在整個專案生命週期中，這比企業公關經理擁有的知識還要更進一步，但對你來說仍是值得的，而你和企業公關經理所抱持的理由應該完全一樣。你需要打入這些人的圈子內。其他兩個你將感興趣的職務，則是目前的專案經理人與資源經理。我們已於第六章談及你與他們之間的關係，在此就不再加以贅述。所以，你可以看到專案支援辦公室是如何提供這許許多多的機會。你必須做的就只是多加留意、準備自己以便把握好時機。

執行簡報

這引發一個重要的議題。我們發現許多企業，他們花費相當可觀的金錢來訓練員工做好專案管理，但對於投資的相對預期收穫卻不甚瞭解。原因是中階與資深主管人並不瞭解什麼是專案管理。

一般普遍的誤解是將專案管理視為排程。Jim Lewis甚至在德國也發現這類情況。一位在德國公司任職的經理告訴

他，當他向資深主管解釋什麼是專案管理時，其中一位主管說：「我不瞭解爲什麼我們不直接買套微軟的專案管理程式，然後執行即可（即執行專案管理）。」Jim 向他保證，這種看法在美國也還依然存在，甚致相當普遍。

原因很簡單：直到最近幾年，商學院從未特別針對專案管理開課。它未被視爲專業的訓練，許多資深主管也因此沒接受過相關的正式教育，所以，他們會對專案經理人懷有不切實際的期望。

以下是一個實際的案例，由一位參加Jim專案管理課程的學員所述。有一天，他回到工作崗位召集自己的小組到會

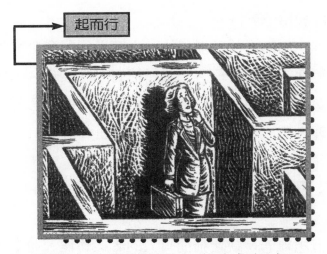

起而行

「將要成爲」專案經理的人可能會感到沮喪。

議室開始規劃專案。他的老闆跑進來，看見他們正在開會，就把專案經理人叫到外頭。「你們在幹什麼啊？」老闆問。

「發展專案計劃啊！」專案經理人答道。

「你們不該把時間浪費在這種地方。」老闆怒氣沖沖說道。「叫他們離開會議室，回去做好自己的工作。」

這種看法比你所想像的更為普遍。較為離譜的情況是，我們對於計劃只流於口頭上說說，大部份的人並沒有跳脫「坐而言，不如起而行」的階段。即將成為專案經理人的人會因此而感到沮喪與不受重視。更重要的，最後他們會逐漸麻痺而失去效能。

正如Tom Peters所言，如果專案管理是企業的核心技能，少了它，企業就無法在新的千禧年裡生存，那麼，我們需要更進一步認識與評估它真正的內涵，而且須像支持其它核心技能般給予支持。

此外，如同之前所提過的，專案必須配合企業策略。這通常指專案組合的管理。企業所擁有的專案組合，是影響整體企業策略的重要關鍵。這些專案組合須由具有所需技能的專案經理人們，小心地加以篩選和管理。

改變公司的會計程序

一個組織若是缺乏強而有力的專案管理，通常都只會以部門做為編列預算的單位，專案只算是附帶性的工作。如果

你眞的想要正確地管理專案，這顯然行不通。

專案必須有其專屬的預算。對於僅發生於組織內部的專案而言，雖然這只是組織內部的文件傳遞，但它仍是作好專案控制的合理要素之一。我們指的是，職務團隊中被指派到專案裏的人，他們必須撥出時間給專案，而這對於他們所屬部門來說，宛如一種預算負擔。這個方法可以讓每個人瞭解專案眞正的花費，並且可以避免部門經理因爲吃醋而不讓他自己部門的人員花時間在專案上，因爲他們不想愚蠢地浪費自己的預算。

你還需要一套合適的資訊管理系統，能夠準確地將花費在專案上的時間，歸屬於工作本身、而非部門。同樣地，金錢的花費也應比照辦理。

◆ 你應該設有專案檢查委員會，用來批准專案計劃的變動。

◆ 你必須設有適當的專案揀選過程，如此，毫無商業價值的專案才不會隨意地冒出來。

◆ 你必須建立專案取消程序，用來終止胎死腹中的專案。

讓專案經理人能夠親身參與團隊成員的績效評估。他們不只衡量成員的技能績效，還會評估配合度、溝通能力、工作是否準時以及對專案的承諾等因素。透過這種參與感，專案經理人才會願意對專案有所承諾，並且對其忠心耿耿。

改變組織的文化

如果你曾以毫無章法的方式來管理專案好一陣子，然後決定改採系統性方法的話，這算是文化上的一個重大轉變。任何曾經嘗試去改變組織文化的資深主管，都知道這點並不容易。具有SJ性格的人，總是傾向維持既有的穩定與秩序，而這些人在公司中通常位居中階管理階層。所以，當資深執行長想要進行重大改變時，這些原本應該幫助他落實政策的人們卻反而不自覺地予以抗拒。

過去的經驗顯示，一個組織要在專案管理上達到成熟運

開始

達成目標需要時間。

機會

有些人已為
改變作好準
備。

作的程度，總得花上二到五年的時間。成熟度分成五個等
級，每一個等級通常需要一年。

　　在一本名為《在專案管理上尋求卓越》（*In Search of Excellence in Project Management*）、由 Dr. Harold Kerzner 所著作的書中，闡述了作者從針對大約250個組織所作的調查中發現，所有的個案中只有39件符合他所謂的專案管理卓越標準。無疑地，如果我們對全國上千家想做專案管理工作的公司加以調查的話，他可能會發現所謂的卓越比例將會更低。

　　知道要達到理想的結果並非一朝一夕其實是件好事，因為當我們埋首致力於改善時，內心總希望能夠快快達到目標，但往往卻發現目標其實很難一擊成功，因此很容易失去

耐心而放棄繼續努力。對於品質循環進程、自我導航團隊工作進程，和其它承諾達成最佳報酬的方案來說，這些通常是過程的一部份。能夠繼續堅持這些計劃的公司，時常都能得到想要的結果。但是，許多組織卻因為結果不會立即出現，而在短暫的嘗試後將其放棄。

我們對組織的改變已經做了許多的描述，我們所要提出的其中一個前提是－「火燒平台」事件是誘發改變的必要觸媒，它可以讓大家去「執行」改變。這個名詞源自於發生在北海鑽油平台（North Sea oil platform）的一次意外。當時發生大火，其中一個人縱身一躍，往下好幾百呎掉入寒冷的北海中。一般人認為你只能在那種低溫下存活十五分鐘，所以往下跳應該不會是最佳的選擇。

當這個人被問及為何往下跳時，他回答道：「顯然地，若我留在平台上，我會被大火燒成一隻烤雞。我覺得跳入水中可能還有一絲存活的機會。」

許多組織的情況亦然。除非這平台正在燃燒而且沒有其他生存的希望，否則他們不會熱衷於必要的變革。他們會嘗試許多不同的藥方，但通常只能消除表面症狀，無法解決的問題則繼續擱在那兒。

如果你的組織正面臨這種火燒平台的事件，你會發現許多人其實已為即將到來的改變作好準備，或許還會向前擁抱它。但是，難道你一定要等到情況變得如此十萬火急，才願意開始改變嗎？

根據John McDonald（1998）所言，他提到組織對於所處環境可能採取兩種反應。一種是革命性的改變，火燒平台即是典型的代表。另一種則是漸進式的改變，每個人都認為情況還不太糟糕，但如果不做改變，後果則會不堪設想。第二種是屬於成本較小、受創較輕、且較為平順的作法，所以我們力勸資深主管盡量嘗試去實施這種改變方案，而不要等到火燒平台時才來救火。

改變薪酬系統

組織中有一個信條，「只要有獎賞，事情就能做得好」。每一個人都傾向盡量提高自己在績效評估和獎賞分配上的評量分數。例如，你不可能用獎勵競爭的方式來促成合作。如果你以部門績效來評估一位部門經理，那你就別期望他會樂意將資源分配給專案，因為這樣可能會損及他自己部門的績效。

問問你自己：你想鼓勵何種行為舉止？然後，依此建立薪酬系統，那你自然就能得到想要的結果。對於你必須建立的薪酬系統，你需要謹慎地做決定。最具功效的獎勵其實是一些看不見的東西－例如來自老闆的背後輕拍、同儕的認同與佩服、以及工作本身帶來的樂趣與挑戰。思索一下這些事情並觀察目前的情況，盡可能的做一些必要的改變來獲得你想要的結果。

好的專案需要團隊合作，而團隊合作意謂人們願意互相配合、一起做事。如果資深管理團隊自己都無法相互合作，或大家忙於搞政治手段、互扯後腿的話，那麼較低層級的員工當然也不會在團隊中相互合作。你必須即知即行，以身作則。從自己本身作起，進行必要的改變，這樣你才能要求別人也做同樣的改變。

摘要

你不能只稍微訓練一下專案經理人，就期待專案管理能馬上於下星期變成組織的工作模式。你也不可能幫每一個人買一套排程軟體，然後期待這套軟體能馬上將他們變成專案經理人。專案管理的工作無法速成，它需要資深管理階層予以支持，帶動大家努力不懈，如此才能真正地達成。

弘智文化價目表

書名	定價		書名	定價
社會心理學（第三版）	700		生涯規劃：掙脫人生的三大枷梏	250
教學心理學	600		心靈塑身	200
生涯諮商理論與實務	658		享受退休	150
健康心理學	500		婚姻的轉捩點	150
金錢心理學	500		協助過動兒	150
平衡演出	500		經營第二春	120
追求未來與過去	550		積極人生十撇步	120
夢想的殿堂	400		賭徒的救生圈	150
心理學：適應環境的心靈	700			
兒童發展	出版中		生產與作業管理（精簡版）	600
為孩子做正確的決定	300		生產與作業管理（上）	500
認知心理學	出版中		生產與作業管理（下）	600
醫護心理學	出版中		管理概論：全面品質管理取向	650
老化與心理健康	390		組織行為管理學	800
身體意象	250		國際財務管理	650
人際關係	250		新金融工具	出版中
照護年老的雙親	200		新白領階級	350
諮商概論	600		如何創造影響力	350
兒童遊戲治療法	500		財務管理	出版中
認知治療法概論	500		財務資產評價的數量方法一百問	290
家族治療法概論	出版中		策略管理	390
伴侶治療法概論	出版中		策略管理個案集	390
教師的諮商技巧	200		服務管理	400
醫師的諮商技巧	出版中		全球化與企業實務	出版中
社工實務的諮商技巧	200		國際管理	700
安寧照護的諮商技巧	200		策略性人力資源管理	出版中
			人力資源策略	390

書名	定價		書名	定價
管理品質與人力資源	290		全球化	300
行動學習法	350		五種身體	250
全球的金融市場	500		認識迪士尼	320
公司治理	350		社會的麥當勞化	350
人因工程的應用	出版中		網際網路與社會	320
策略性行銷（行銷策略）	400		立法者與詮釋者	290
行銷管理全球觀	600		國際企業與社會	250
服務業的行銷與管理	650		恐怖主義文化	300
餐旅服務業與觀光行銷	690		文化人類學	650
餐飲服務	590		文化基因論	出版中
旅遊與觀光概論	600		社會人類學	390
休閒與遊憩概論	600		血拼經驗	350
不確定情況下的決策	390		消費文化與現代性	350
資料分析、迴歸、與預測	350		全球化與反全球化	出版中
確定情況下的下決策	390		社會資本	出版中
風險管理	400			
專案管理師	350		陳宇嘉博士主編 14 本社會工作相關著作	出版中
顧客調查的觀念與技術	出版中			
品質的最新思潮	出版中		教育哲學	400
全球化物流管理	出版中		特殊兒童教學法	300
製造策略	出版中		如何拿博士學位	220
國際通用的行銷量表	出版中		如何寫評論文章	250
許長田著「行銷超限戰」	300		實務社群	出版中
許長田著「企業應變力」	300			
許長田著「不做總統，就做廣告企劃」	300		現實主義與國際關係	300
許長田著「全民拼經濟」	450		人權與國際關係	300
			國家與國際關係	300
社會學：全球性的觀點	650			
紀登斯的社會學	出版中		統計學	400

書名	定價		書名	定價
類別與受限依變項的迴歸統計模式	400		政策研究方法論	200
機率的樂趣	300		焦點團體	250
			個案研究	300
策略的賽局	550		醫療保健研究法	250
計量經濟學	出版中		解釋性互動論	250
經濟學的伊索寓言	出版中		事件史分析	250
			次級資料研究法	220
電路學（上）	400		企業研究法	出版中
新興的資訊科技	450		抽樣實務	出版中
電路學（下）	350		審核與後設評估之聯結	出版中
電腦網路與網際網路	290			
應用性社會研究的倫理與價值	220		書僮文化價目表	
社會研究的後設分析程序	250			
量表的發展	200		台灣五十年來的五十本好書	220
改進調查問題：設計與評估	300		2002年好書推薦	250
標準化的調查訪問	220		書海拾貝	220
研究文獻之回顧與整合	250		替你讀經典：社會人文篇	250
參與觀察法	200		替你讀經典：讀書心得與寫作範例篇	230
調查研究方法	250			
電話調查方法	320		生命魔法書	220
郵寄問卷調查	250		賽加的魔幻世界	250
生產力之衡量	200			
民族誌學	250			

專案管理師

作　　　者／Robert K. Wysocki and James P. Lewis
譯　　　者／洪志成
校　閱　者／李茂興
出　版　者／弘智文化事業有限公司
登　記　證／局版台業字第6263號
地　　　址／台北市中正區丹陽街39號1樓
E - M a i l／hurngchi@ms39.hinet.net
電　　　話／（02）23959178・0936-252-817
郵 政 劃 撥／19467647　戶名：馮玉蘭
傳　　　眞／（02）23959913
發　行　人／邱一文
書店經銷商／旭昇圖書有限公司
地　　　址／台北縣中和市中山路2段352號2樓
電　　　話／（02）22451480
傳　　　眞／（02）22451479
製　　　版／信利印製有限公司
版　　　次／2004年5月初版一刷
定　　　價／350元

ISBN 986-7451-01-5
本書如有破損、缺頁、裝訂錯誤，請寄回更換！

國家圖書館出版品預行編目資料

專案管理師 / Robert K. Wysocki, James P.
　Lewis作；洪志成譯. -- 初版. -- 臺北市：
弘智文化, 2004〔民93〕
　　面；公分
譯自：The world class project manager :
a professional development guide
　ISBN 986-7451-01-5（平裝）

　1. 管理科學

494　　　　　　　　　　　　　93005587